U0171124

重型液力自动变速器液压技术及其印刷油路

吴怀超　董　勇　杨　炫　著

科 学 出 版 社

北　京

内 容 简 介

为了突破重型液力自动变速器液压系统及其印刷油路的关键技术，以促进具有我国自主知识产权的重型液力自动变速器的研发，本书将逻辑设计法引入重型液力自动变速器液压系统的设计中，并对其液压系统及其印刷油路进行具体的设计，从而为不同功率、不同系列和不同型号的重型液力自动变速器产品的液压系统提供一套统一的、规范的设计方法。本书力求从理论上对重型液力自动变速器液压技术及其印刷油路技术进行全面阐述，以便为提升重型液力自动变速器的国产化水平提供理论资料和技术支持。

本书适合广大从事自动变速器技术、液压技术和印刷油路技术研究和应用的科研人员、工程技术人员、高校教师以及研究生阅读和参考。

图书在版编目(CIP)数据

重型液力自动变速器液压技术及其印刷油路 / 吴怀超，董勇，杨炫著. —北京：科学出版社，2023.10

ISBN 978-7-03-076617-5

Ⅰ. 重… Ⅱ. ①吴… ②董… ③杨… Ⅲ. ①液力变速装置-自动变速装置-研究 Ⅳ. ①TH137.332

中国国家版本馆CIP数据核字(2023)第193691号

责任编辑：陈 婕 / 责任校对：王萌萌
责任印制：吴兆东 / 封面设计：陈 敬

科学出版社出版
北京东黄城根北街16号
邮政编码：100717
http://www.sciencep.com
北京中石油彩色印刷有限责任公司印刷
科学出版社发行 各地新华书店经销
*
2023年10月第 一 版 开本：720 × 1000 1/16
2024年 1 月第二次印刷 印张：11
字数：220 000

定价：98.00元

(如有印装质量问题，我社负责调换)

前　言

通常，将标定输入扭矩在900N·m以上的液力自动变速器称为重型液力自动变速器。重型液力自动变速器产品主要应用于重型汽车、油气开采装备、轨道交通、工程机械以及特种车辆等领域。目前，我国能够制造出重型液力自动变速器整机产品的企业屈指可数，国内企业生产的重型液力自动变速器产品在先进性、可靠性以及使用寿命等方面与国外同类产品存在较大差距，从而导致与主机厂的配套能力远不及国外巨头公司。究其原因，国外该领域的艾里逊(Allison)、卡特彼勒(Caterpillar)、采埃孚(ZF)以及福伊特(Voith)等公司垄断了重型液力自动变速器的核心技术，尤其对于目前先进的重型液力自动变速器，国外企业的技术垄断和封锁严重阻碍了我国重型液力自动变速器技术的进步和发展。

众所周知，重型液力自动变速器液压系统的工作原理非常复杂，其液压元件数量众多，密密麻麻的液压油路不仅相互牵涉、互为制约，而且都集成在印刷油路板上，从而导致该集成油路板外观形如“迷宫”。目前，对于重型液力自动变速器的液压系统，可参考的国外公开资料只是一些关于重型液力自动变速器液压系统的油路原理和液压元件基本结构的介绍性资料；对于其印刷油路，由于是国外巨头公司的核心保密内容，除了购置国外产品能看到实物之外很难找到其他可以参考的资料。由此可见，无论是重型液力自动变速器的液压系统还是其印刷油路，不仅本身的研发非常困难，还面临着国外技术封锁的严峻现实，可供参考的资料缺少，因此国内企业的逆向设计和自主创新之路困难重重。另外，国内目前对重型液力自动变速器的研究主要集中在换挡控制策略与控制技术以及换挡品质等方面，而对其液压系统及印刷油路的研究过少，大多是对液压系统的油路进行分析或者对液压系统执行的换挡过程进行研究，很少有涉及液压系统及其印刷油路的设计方法和研发理论方面的研究，由此导致国内企业对重型液力自动变速器的液压系统及其印刷油路的自主设计和研发的能力薄弱。

为了便于分析和研究，作者以具有七个前进挡、一个倒挡和一个空挡的重型液力自动变速器为研究对象，在国家自然科学基金等项目的支持下，在校企合作的基础上，经过多年的潜心研究，从理论上对重型液力自动变速器液压系统的逻辑设计法进行了深入的剖析和提炼，并对重型液力自动变速器涉及的液压技术及其印刷油路技术进行了全面分析，形成了一套重型液力自动变速器液压系统及其印刷油路技术的研究方法。本书重点对这些研究成果进行归纳和总结。

本书的完成得益于作者及团队多年来的研究工作，在此感谢董勇、杨炫、曹刚、褚园民、赵相菲、李正伟、彭昭、穆俊齐、朱德春、汪龙华、曹振、赵磊、刘娜、彭正虎等研究生所做的具体工作。特别感谢贵州凯星液力传动机械有限公司的大力支持。感谢国家自然科学基金项目(51965011)、贵州省科技创新人才团队项目(黔科合平台人才〔2020〕5020)、贵州省教育厅创新群体重大研究项目(黔教合 KY 字〔2018〕011)、贵州省高层次创新型人才培养计划项目(黔科合平台人才〔2016〕5659)以及贵州省科技重大专项项目(黔科合重大专项字〔2013〕6015)等的资助与支持。此外，本书的出版得到了贵州大学学科建设经费资助，在此也表示感谢。

由于作者的水平有限，书中难免存在不妥之处，敬请读者不吝指正，以便进一步修改与完善。

吴怀超

2022 年 10 月于贵阳

目　　录

第1章　概　　论

1.1　概　　述

变速器是车辆传动系统的重要部件之一，其作用是根据车辆的行驶需求改变扭矩、分配动力和提高能源的利用率，它直接影响车辆的各性能指标。变速器分为手动变速器和自动变速器。目前，手动变速器的研发和制造技术相当成熟，且传递动力高效。相较于手动变速器，自动变速器换挡操作更简单且换挡更平顺，在一定程度上可大大减轻驾驶员的疲劳度，深受人们的喜爱[1]。相较于家用轿车等小型普通车辆和设备上的液力自动变速器，重型液力自动变速器是指与重型货车和大型客车及工程机械等设备匹配的变速器，其标定输入扭矩通常在 900N·m 以上，主要应用于重型汽车、油气开采装备、轨道交通、工程机械以及特种车辆等领域[2]。

重型液力自动变速器有行星式和定轴式两种结构，其中，行星式重型液力自动变速器以其结构紧凑、功率密度高而得到普遍应用。本书研究的对象主要是行星式重型液力自动变速器。图 1.1 为某型行星式重型液力自动变速器的组成原理图。由图1.1 可以看出，重型液力自动变速器是一种非常复杂的机、电、液一体化部件，它主要由三大系统组成，即机械系统、液压控制系统和电子控制系统。其中，机械系统包括液力变矩器（由泵轮、涡轮和导轮等组成）、行星齿轮变速器（行星排）和缓速器，主要实现变矩、换挡和辅助制动等功能；液压控制系统主要为

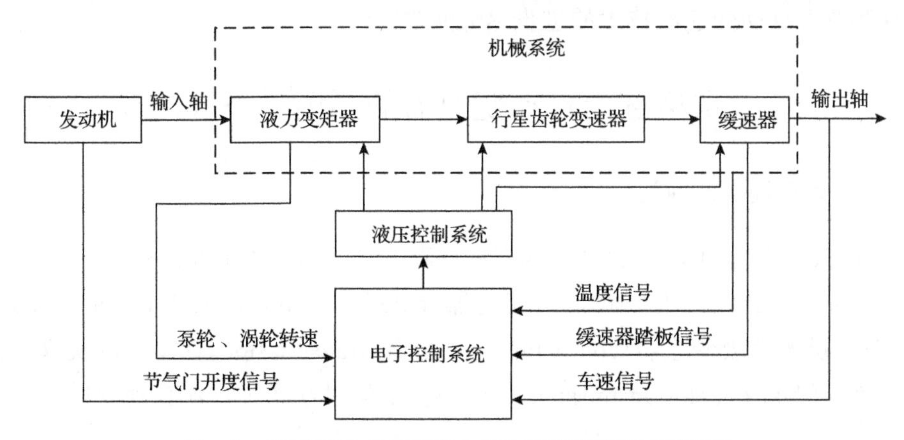

图 1.1　某型行星式重型液力自动变速器的组成原理图

重型液力自动变速器机械系统提供油源和油压动力；电子控制系统是重型液力自动变速器的“大脑”，它根据各反馈信号自动控制变速器的工作。

我国目前能够制造出重型液力自动变速器整机产品的企业屈指可数，其中，具有一定规模和实力的企业只有西安双特智能传动有限公司、贵州凯星液力传动机械有限公司以及秦皇岛盛森机械制造有限责任公司，它们大多是通过购置国外产品进行仿制，采用逆向设计和自主创新的方式来创立自己的品牌[3,4]。然而，对于目前先进的重型液力自动变速器，国外实施技术垄断和封锁，从而严重阻碍了我国重型液力自动变速器技术的进步和发展[5,6]。目前，重型液力自动变速器技术在国外是较为成熟的技术，国内因缺少自主知识产权等还处于摸索和仿制阶段，同时，国内企业因受到国外巨头公司的技术垄断和封锁而在艰难地寻求生存和发展。因此，为了研制具有我国自主知识产权的重型液力自动变速器，近些年国内重型液力自动变速器研制企业积极与高校和科研机构合作，走“产、学、研”相结合的道路，来一步一步地攻克重型液力自动变速器的关键技术。

重型液力自动变速器涉及的关键技术很多，其中，液压技术是重中之重。众所周知，重型液力自动变速器的液压油路相互牵涉，并且将液压油路集成在印刷油路板上，整个液压系统包括其印刷油路的研发都非常困难。目前，可参考的国外公开资料只有一些重型液力自动变速器液压系统的油路原理和液压元件基本结构的介绍性资料，这些资料可供修理人员参考[7,8]。

为了突破重型液力自动变速器液压系统及其印刷油路的核心技术，研制具有我国自主知识产权的重型液力自动变速器，本书对重型液力自动变速器液压系统及其印刷油路所涉及的技术问题进行了系统性分析与研究，以期为促进我国重型液力自动变速器技术的进步尽绵薄之力。

1.2 重型液力自动变速器的国内外发展现状

1.2.1 自动变速器的种类

目前，国际上主流的自动变速器有四种[9-13]，即液力自动变速器（automatic transmission，AT）、机械式自动变速器（automatic mechanical transmission，AMT）、机械无级变速器（continuously variable transmission，CVT）以及双离合器变速器（dual-clutch transmission，DCT）。下面对这四种主流自动变速器进行简单介绍。

1)液力自动变速器

液力自动变速器是一种结构极为复杂的机、电、液一体化产品，它主要由液力变矩器、行星齿轮变速器、液压系统以及电子控制系统组成。一种典型的液力自动变速器结构如图 1.2 所示，其工作原理[14]为：电子控制系统根据采集的各种信号(如车速、油门开度等)和控制器局域网(controller area network，CAN)总线来判断车辆的行驶状态，然后执行相应的程序并发出指令，使液压系统中的电磁阀得到相应的控制信号，从而控制液力变矩器的闭锁离合器，以及行星齿轮变速器的换挡离合器的接合或脱离，最后实现液力变矩器的闭锁控制和换挡操纵等。在这个过程中，动力是由发动机产生的扭矩，经过液力变矩器调节后，传递到行星齿轮变速器中，最后驱动车轮行驶。

图 1.2 一种典型的液力自动变速器结构

液力自动变速器以液体作为动力传递介质，将发动机的扭矩平稳地传给车轮，因此它具有操纵简单、换挡平顺、乘坐舒适性高等特点；但液压系统损失的能量较多，从而降低了系统的传动效率，且因其结构复杂，生产和维修成本高[14,15]。液力自动变速器凭借其成熟的技术及较高的换挡舒适性，赢得了消费者的青睐，目前占全球自动变速器市场的 80%以上[16]。

2)机械式自动变速器

机械式自动变速器在机械式手动变速器的基础上，安装了自动选挡执行机构和变速器自动换挡控制器，可以模拟驾驶员的选挡规律，实现自动换挡。

机械式自动变速器主要由自动离合器、固定轴式齿轮变速器和电子控制单元(electronic control unit，ECU)组成。一种典型的机械式自动变速器的结构如

图 1.3 所示，其工作原理[14]为：根据驾驶员的操作意图，电子控制单元采集车速传感器和油门开度传感器等的信号，并根据车辆的行驶工况、挡位等，执行相应的程序，如最佳的换挡规律程序、发动机供油调节的自适应规律程序等，最终实现发动机供油、离合器接合或脱离以及变速器的换挡操作，从而满足车辆最佳的燃油经济性和动力性。

图 1.3 一种典型的机械式自动变速器结构

机械式自动变速器的结构简单，生产继承性较好，所增设的控制机构代替手动操作成本较低，但在换挡操作期间存在动力中断，易造成较大的换挡冲击，无法保证换挡质量，另外在换挡过程中控制的难度也很大[14]。

3) 机械无级变速器

机械无级变速器分为液力式机械无级变速器和机械式机械无级变速器。液力式机械无级变速器传动效率低，功率消耗大，很少在商用车中应用，但在重型车辆中具有一定的优势；机械式机械无级变速器按传动性质可分为摩擦式机械无级变速器、金属带式机械无级变速器和链式机械无级变速器，其中，金属带式机械无级变速器应用较为广泛[17]。金属带式机械无级变速器主要由液力变矩器、主/从动轮组件、金属带、输入/输出传动轴、主减速器、差速器和电液控制系统等组成，其典型结构如图 1.4 所示。它通过电液控制系统控制主/从动轮的液压缸，进而改变两带轮的轴向力，随着带轮工作半径连续改变，其传动比也连续改变，从而实现无级调速。其工作原理为：根据驾驶员的操作意图和行驶工况，电子控制单元采集车速传感器、油门开度传感器等的输入信号，然后执行相应的控制策略程序，如速比模糊自适应控制策略程序等，并向电液执行机构发出指令，从而实现机械无级变速器的速比、带轮夹紧力和离合器等方面的控制[14]。

图 1.4　一种典型的金属带式机械无级变速器结构

机械无级变速器具有体积小、动力传动平稳、加速性能好和换挡品质较高等优点，其不足是加工精度要求较高、成本高和传动效率低[14]。此外，机械无级变速器的启动性能较差，转矩传递有限，造价高[18]。

4）双离合器变速器

双离合器变速器的两个离合器与内外两输入轴相连，两输入轴的结构是内实心轴外套外空心轴，并对应奇、偶数挡位，而且一个或两个挡位共用一个同步器装置，通过切换与奇数挡和偶数挡输入轴相连的两个离合器实现换挡[14,15]。双离合器变速器按工作条件可分为干式双离合器变速器和湿式双离合器变速器。其中，干式双离合器变速器在传递动力过程中因摩擦片易出现过热问题而很少被采用；湿式双离合器变速器克服了频繁换挡和启动对摩擦片所产生的过热问题，故得到了广泛的应用[14]。

一种典型的双离合器变速器的结构如图 1.5 所示，其工作原理为：根据驾驶员的操作意图和行驶工况，电子控制单元接收车辆的油门开度、发动机转速、车速等输入信号，通过调理电路转化为电信号，这些电信号经过计算和处理后按照预先设计好的换挡规律、控制策略等执行相应的程序，并发出相应的控制指令，从而控制油门控制机构、离合器控制机构和换挡控制机构，最终实现两个离合器的控制、换挡操作以及发动机的控制等[14]。双离合器变速器继承了手动变速器的优点，具有传动效率高、成本低、结构较为紧凑和质量轻等优点，但由于其自身结构的特点，只能顺序换挡，不能实现跳跃换挡[14]。另外，换挡过程控制难度大，两组离合器的切换电动机不易标定[15,19]。

图 1.5　一种典型的双离合器变速器结构

上述四种自动变速器各有优缺点，由于不同国家或地区的人们驾驶习惯和体验有所差异，四种自动变速器在不同国家或地区的装车率不同[14,20]。液力自动变速器在全球自动变速器的市场中所占的比例较大，其中在美国的装车率较高，在我国也占有较大的比例；双离合器变速器近些年的市场份额增长较快，在欧洲和我国具有较大的发展潜力；机械无级变速器在日本占据一定的市场份额，在我国也呈现较好的增长趋势；机械式自动变速器由于换挡冲击较大，发展速度相对较慢。我国目前手动变速器占有份额仍较大，随着我国社会和经济的持续发展以及人们驾驶习惯的改变，自动变速器在我国的装车率已逐年提高。据 IHS Automotive 市场调研公司的调研统计，近十年来，上述四种自动变速器在我国市场中所占的比例每年都在大幅增长，其中，液力自动变速器增长的市场份额最大，这说明液力自动变速器在我国具有非常大的发展潜力[21]。

1.2.2　重型液力自动变速器的国外发展现状

世界上第一台用于大规模生产的液力自动变速器是美国通用汽车公司在 1939 年生产的 Hydromatic，这台变速器使用液力耦合器和三排行星齿轮提供四个前进挡和一个倒挡，被认为是现代车辆液力自动变速器的原始形式[22,23]。液力自动变速器最重要的改进是在二战期间，通用汽车公司为坦克开发了液力变矩器，有助于避免坦克在战场上因换挡不慎而造成引擎熄火。1948 年，这种液力变矩器与其他部件相结合成为液力变速器，基本定型为现在通用的液力自动变速器[2]。20 世纪 70 年代中期，4 速液力自动变速器开始被广泛应用[4]；随着工业技术和电子控制技术的快速发展，日本日产(Nissan)汽车公司于 1989 年成功开发了世界上第一台拥有 5 个挡位的液力自动变速器[24]；随后，为了占领相关市场，丰田(Toyota)、三菱(Mitsubishi)、宝马(BMW)以及梅赛德斯-奔驰(Mercedes-Benz)等大型汽车公司也推出了各自的 5 挡液力自动变速器。之后，各大汽车公司在液力自动变速器领域的竞争越来越激烈[25]。2001 年，BMW 公司将 6 速液力自动变速器装在 7 系列后轮驱动车上；2003 年，Mercedes-Benz 公司将 7 速液力自动变速器装在后轮驱动轿车上；2011 年，采埃孚(ZF)公司成功推出乘用车 8 速液力自动变速器，并在 2013 年成功研制出 9 挡液力自动变速器。液力自动变速器在追求挡位增加的同时，其控制技术也得到了很好的发展[3]。1983 年，ZF 公司率先推出首款完全由单片机控制的液力自动变速器[26]；1989 年，保时捷(Porsche)公司首次成功实现自适应换挡控制[27]，从此，液力自动变速器进入现代控制和智能控制阶段[28-34]，闭环自适应控制、H_∞控制、滑模控制、最优控制、神经网络控制、模糊控制、专家控制等相继被采用。液力自动变速器已成为集机械、电子、液压、控制等诸多领域新技术于一体的高科技载体。

液力自动变速器具有起步平稳、缓冲减振、自动适应外界载荷、提高车辆通过性等诸多优点，特别适合应用于重型汽车、油气开采装备、轨道交通、工程机械以及特种车辆等领域，因此重型液力自动变速器应运而生[3]。普通乘用汽车领域液力自动变速器的技术进步促进了重型液力自动变速器技术的不断发展，目前，重型液力自动变速器的核心技术主要由国外 Allison、Caterpillar、ZF 以及 Voith 等公司所掌握[3,4]。

美国 Allison 变速箱公司成立于 1915 年，其总部设立于美国印第安纳州首府印第安纳波利斯市，在全球拥有约 1400 家独立分销商和代理商，致力于研发、生产全自动变速箱，其全自动变速箱的设计与技术发展一直以 Allison 不间断动力技术(continuous power technology)为核心，能将发动机动力有效且不间断地传输至驱动轮，该公司是世界重型液力自动变速器制造商的典范，其产品覆盖公路型和非公路型等领域[2]。目前，该公司研发产品所应用的技术已发展到了第六代，其中，第五代产品中内嵌了一个全新的倾斜仪，相较于前几代产品，具有更先进的换挡程序、更完善的车辆加速控制功能以及更高的燃油经济性[2,3]。

美国 Caterpillar 公司是全球最大的土方工程机械和建筑机械生产制造商及

销售商之一，也是全球较大的柴油机、燃气发动机和工业用燃气涡轮机生产厂家之一[2]。该公司在液力传动研发制造领域具有全球领先优势，该公司生产的重型液力自动变速器部分产品自用，其中，该公司生产的 CX 系列重型液力自动变速器产品具有世界先进水平，其功率覆盖范围为 165～466kW[2,3]。德国 ZF 公司以变速箱和传动系统为主要业务，目前在全球有 120 多个生产基地和 6 个研发中心，该公司生产的 Ecomat 重型液力自动变速器系列产品享誉全球，主要应用领域为公路用车，包括商用车、客车和货车等[2,3]。德国 Voith 公司在重型液力自动变速器领域亦卓有建树，其重型液力自动变速器技术在世界上领先，其产品业务主要集中在道路和轻轨等领域[2,3]。

1.2.3　重型液力自动变速器的国内发展现状

我国对重型液力自动变速器的研究起步较晚，国内研究力量主要来自企业和科研院所两方面。

在企业方面，西安双特智能传动有限公司是重型液力自动变速器生产厂家，曾推出 FC6A80/100(CX22)以及 FC6A140/180(CX28)等系列重型液力自动变速器，可广泛匹配 600～3000N·m 扭矩范围的工程机械、重型卡车和特种车辆等[35]；同时，在国家 863 计划的资助下，通过校企合作，在“大功率动力总成”项目范畴内开展了大功率液力自动变速器国产化的技术研究[3,6]。贵州凯星液力传动机械有限公司是国内重型液力自动变速器行业中的佼佼者，也是国内目前为数不多的集大功率液力自动变速器研制、生产、销售为一体的厂家，该公司通过逆向设计和自主创新所开发的大功率液力自动变速器的功率覆盖范围为200～3000hp(1hp=745.7W)，其产品的主要目标市场为油气开采装备、轨道交通以及矿用车等非公路车领域[36,37]。秦皇岛盛森机械制造有限责任公司生产的 YBX6652 型重型液力自动变速器，是 40～50t 级矿用自卸车上使用的专用设备[2]。中国航天三江集团有限公司采用引进、消化吸收和再创新的方式，与相关单位合作进行 6 速大功率液力自动变速器研究，于 2012 年成功研制出 500hp 大功率液力自动变速器[38]。中国兵器工业集团有限公司和内蒙古第一集团有限公司牵头的“大功率液力自动变速器研发”项目得到了国家 863 计划的支持，完成了 6 挡大功率液力自动变速器的结构设计、性能分析、操纵控制和实验验证等研究工作[39]。

在科研院所方面，中国北方车辆研究所和北京理工大学在定轴式大功率液力自动变速器方面进行了持续深入研究，设计定型了多款液力综合传动装置，同时，在行星式大功率液力自动变速器技术领域进行了多年的研发，积累了丰富的研发经验[40-44]；哈尔滨工业大学与贵州凯星液力传动机械有限公司合作，对大功率液力自动变速器的换挡规律进行了研究，并对其控制技术等关键技术进行了校企联合攻关[45,46]；吉林大学与中国第一汽车股份有限公司技术中心合作，对越野车与其他重型车辆液力自动变速器的控制策略及其控制技术等开展了研究[4,5]；武汉理工大学对重型车辆液力自动变速器的液压操纵系统进行了研究[6,7]；此外，重庆大学、同济大学、上海交通大学、山东大学、北京科技大学以及湖南大学等高校对液力自动变速器的一些关键技术和性能进行了深入的研究。国内科研院所开展的上述研究工作为我国重型液力自动变速器的研发积累了丰富的理论知识和应用经验，极大地推动了我国重型液力自动变速器技术的进步[47-52]。

1.3　重型液力自动变速器液压系统及其印刷油路的发展现状

重型液力自动变速器的液压系统及其相应的液压技术是随着现代液压技术和重型液力自动变速器整机技术的发展而发展的，其发展过程分为三个阶段：纯液压系统阶段、电液系统阶段和智能液压系统阶段[5-8]。

1）纯液压系统阶段

1939 年，美国通用汽车公司首次在 Oldsmobile 车上装备了实现液压控制技术的 Hydromatic 液力机械式自动变速器，该自动变速器的液压控制系统采用纯液压控制方式，被认为是当今自动变速器的原始形式[22,23]。1948 年，美国通用汽车公司为了避免坦克在战场上因换挡不慎而熄火，采用了 Dynaflow 全自动变速器，首次成功地使用了液力变矩器[2]。1950 年，一种采用液力变矩器与机械行星齿轮组合形式的变速器应用在美国福特公司的汽车上，这是首个具有自动变速功能的现代液力自动变速器，这种组合形式的液力自动变速器一直沿用到现在[2-4]。在电子控制系统出现之前，液压控制系统一直为自动变速器控制系统的主流[5-8]。纯液压系统阶段的主要技术特点是以机械方式将车辆行驶速度和发动机节气门开度两个参数转化为液压控制信号，由于液压自动换挡系统出现故障不易检查和维修，传动效率低，反应速度慢，逐渐被快速发展的电液系统代替[4,22]。

2）电液系统阶段

20 世纪 60 年代，电子控制技术开始运用到自动变速器上，法国雷诺汽车公司生产了装有电液控制系统的 R16TA 型自动变速器，开启了自动变速器电子控制时代[53]。20 世纪 70 年代，美国天河汽车集团研制了液力变速器的电子控制压力调节阀，它能精确调节油压，从而为提高换挡品质奠定了硬件基础[54]。20 世纪 80 年代，日本丰田公司开始在其皇冠轿车上采用微机控制离合器的液力自动变速器[55,56]。1989 年，日本日产汽车公司研制出了 R01A 型自动变速器，它采用两组行星齿轮组成的紧凑型齿轮传动，且具有新的电液控制系统，不仅能提供最佳换挡和锁定点，还能通过电子方式调节液压压力，实现良好的换挡品质[57]。20 世纪 90 年代，随着电子技术和现代控制技术的发展，液力自动变速器采用了具有闭锁离合器的液力变矩器，配以电子控制系统后实现了自动换挡的液力变矩器的闭锁和解锁控制等，从而极大地提高了车辆的使用性能[8]。电液系统阶段的主要技术特点是在原来纯液压系统的基础上加入了能够进行精确决策的电子控制系统，并联合液压执行元件实现了液力变速器的自动换挡，这一阶段因电子控制系统的使用不仅大大增强了控制系统的可移植性和通用性，还减轻了液力变速器自身的质量，使其结构变得更加简单和紧凑[4,6]。

3)智能液压系统阶段

20 世纪 90 年代中后期，世界各大汽车公司相继开发了智能型电子控制系统，把模糊控制、自学习和自适应等理论运用到自动变速器的控制系统中，重型液力变速器的控制系统开始走向智能化[24,58]。1994 年，Lim 等[59]将模糊比例积分微分(proportional integral derivative，PID)和自适应理论方法引入电磁阀的控制中。之后，日本本田公司开发出了一种自动变速器的鲁棒控制系统，实车检验表明，该系统具有高鲁棒性和足够的控制性能[60]。1998 年，美国福特公司采用双输入(滑动时间和目标比)模糊逻辑控制器来确定调整压力，研发出了适应涡轮转速和发动机转速的自适应液压控制系统[61]。进入 21 世纪以来，各种智能控制策略的节油技术和智能启停技术等应用于重型液力变速器的液压控制系统中[62,63]。其中，最为典型的是美国 Allison公司相继推出的采用 FuelSense™ 节油技术策略和智能启停技术的智能产品，目前，这些产品是智能型重型液力变速器的杰出代表[64]。智能液压系统阶段的主要技术特点是为了满足车辆不同驾驶风格和行驶工况所要求的卓越性能，各种先进的智能控制策略层出不穷，并逐步得到了实际应用，智能化的控制方式使重型液力变速器的换挡品质得到了本质的提高，不仅增加了乘坐的舒适性，而且其节能降耗的效果明显[65,66]。

我国在液力自动变速器液压系统方面的研究如同对其整机的研究一样起步较晚。20 世纪 50 年代，我国自行研制了内燃机车和红旗 CA770 三排座高级轿车的液力传动系统[67]。20 世纪 70 年代，我国在重型矿用汽车上成功应用了液力传动系统，如 SH380 型 32t 矿用车、CA390 型 60t 矿用车等[67]。20 世纪 90 年代初，吉林大学(原吉林工业大学)在装有 GYB-100 型液力传动系统的城市公交车上进行变矩器闭锁控制试验，并取得良好的成果[68]。20 世纪 90 年代后期，重庆理工大学(原重庆工学院)对自动变速器液压系统的模糊逻辑控制展开了研究[69]。进入 21 世纪后，吉林大学将模糊控制技术成功应用于自动变速器的液压控制系统中[70]；湖南大学完成了本田 4AT 自动变速器电子液压控制系统的改进[8]；2008 年，鼎盛天工工程机械股份有限公司为 YB1502 变速器开发出了电液换挡控制系统[71]。2010 年以后，我国对重型液力自动变速器液压控制技术及整机装备的研究和开发日益重视，北京理工大学和中国北方车辆研究所设计定型了多款液力综合传动装置[43,44]；吉林大学与中国第一汽车股份有限公司技术中心合作，对越野车与其他重型车辆液力自动变速器的液压换挡技术进行了深入研究[4,5]；武汉理工大学对重型车辆液力自动变速器的液压操纵系统等方面进行了研究[6]。目前，我国对重型液力自动变速器液压系统的研究仍然非常欠缺，只停留在仿制国外产品或者对其进行局部改进的技术水平，与国外巨头公司相比，我国在重型液力自动变速器液压系统及其相应的液压技术方面的差距较大。

众所周知，重型液力自动变速器的集成度很高，因空间结构所限，其液压系统的油路一直采用的是集成印刷油路，也就是说，重型液力自动变速器液压元件之间的油路连接摒弃了油管连接等连接方式，而是像印刷电路板一样集成在变速器的油路板上。这种油路板具有集成度高、结构紧凑以及所占空间小等优点[72]。然而，重型液力自动变速器液压系统印刷油路的相关技术是国外各巨头公司的核心机密，时至今日，仍然对我国进行严密的技术封锁。

1.4 本书研究方法及内容

重型液力自动变速器作为一种复杂的机、电、液一体化部件，在一定程度上能反映出一个国家装备制造业水平的高低。经过 60 余年的发展，重型液力自动变速器技术在美国等发达工业国家已较为成熟，但在我国目前还处于摸索和仿制阶段，尤其是在其液压系统及其印刷油路方面。由于国外巨头公司的技术垄断和封锁，我国目前尚未掌握重型液力自动变速器液压系统及其印刷油路的关键技术，尤其体现在针对不同功率、不同系列和不同型号的重型液力自动变速器产品，尚没有一套统一的、规范的理论来指导其液压系统及其印刷油路的研发。

本书以功率600hp、扭矩2300N·m，具有七个前进挡、一个倒挡和一个空挡的重型液力自动变速器为研究对象，首先，对其机械结构及工作原理进行介绍和分析，为后续液压系统及其印刷油路技术的研究奠定基础；然后，采用逻辑设计法对该重型液力自动变速器的液压系统进行设计，并对其主要液压元件进行设计和选型；最后，开展重型液力自动变速器液压系统的性能及优化研究，对所设计的液压系统的性能进行深入的揭示，并有针对性地进行优化以改善其性能。在此基础上，对采用逻辑设计法设计出的重型液力自动变速器液压系统的印刷油路技术开展研究：首先，对系统印刷油路及浇排系统进行设计，为后续的压铸工艺参数优化及模具设计奠定坚实的基础；然后，开展重型液力自动变速器液压系统印刷油路压铸数值模拟及参数优化的研究工作，揭示其压铸充型和凝固过程，并对其缺陷进行预测，进一步有针对性地对其印刷油路浇注工艺参数进行优化，以获得最优压铸工艺参数；最后，开展重型液力自动变速器液压系统印刷油路压铸模具的设计及优化的研究工作，进一步设计出其印刷油路的压铸模具，并对模具易失效部位有针对性地进行优化，以提高其模具的使用寿命。

需要特别指出的是，针对重型液力自动变速器的液压系统，本书采用逻辑设计法进行设计，导致液压系统中有一系列的逻辑阀；另外，重型液力自动变速器的印刷油路基于其液压系统设计，故印刷油路中有一系列逻辑阀的油路，因此本书所涉及的重型液力自动变速器液压系统及其印刷油路与国内企业目前生产的重型液力自动变速器的液压系统及其印刷油路是有本质区别的。本书撰写的宗旨除了要揭示重型液力自动变速器的液压技术及其印刷油路技术，更重要的是拟为重型液力自动变速器的液压系统及其印刷油路形成一套设计方法，以期为研制具有我国自主知识产权的重型液力自动变速器产品尽绵薄之力。

第 2 章　重型液力自动变速器的结构及工作原理

为了更好地理解与分析重型液力自动变速器液压系统及其印刷油路的关键技术，需要对重型液力自动变速器的结构及工作原理进行深入的剖析。本章首先对重型液力自动变速器的整体结构及工作原理进行介绍与分析，然后分别对其各主要组成部分的结构和工作原理进行深入的阐述，包括变矩器部分的泵轮、涡轮、导轮和闭锁离合器，以及行星齿轮变速机构部分的各行星排和离合器，最后分析各个挡位的动力传递路线，并求解出各挡位的传动比。本章通过对重型液力自动变速器的结构进行全面分析，为后续液压系统及其印刷油路关键技术的研究奠定基础。

2.1　重型液力自动变速器的整体结构及工作原理

如前所述，本书以功率 600hp、扭矩 2300N·m，具有七个前进挡、一个倒挡和一个空挡的重型液力自动变速器为研究对象，图 2.1 为本书作者设计的重型液力自动变速器整体结构的三维图。

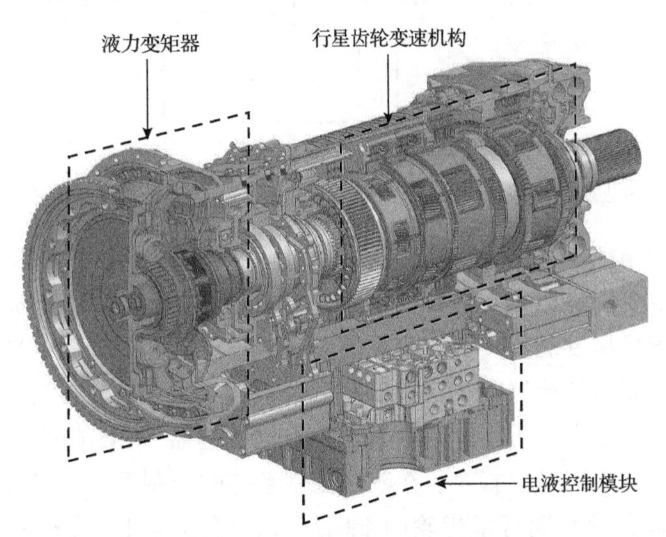

图 2.1　重型液力自动变速器整体结构的三维图

如图 2.1 所示，该重型液力自动变速器除了外壳，内部主要由液力变矩器、行星齿轮变速机构和电液控制模块三大部分组成。液力变矩器位于变速器的前端，是液力变速器的主要部件之一，主要由泵轮、涡轮和导轮等部件组成，从而构成单级二相三元件结构[73]。液力变矩器直接与发动机飞轮相连接，并将发动机输出的动力传递到液力变速箱，极大地提高了主机的自适应能力、通过性能、舒适性和寿命。但是，液力变矩器存在液力损失，使机器的传动效率有所降低，为此，在液力变矩器中设计有闭锁离合器，该闭锁离合器可根据不同的工况开启或关闭，达到提高液力变矩器效率的目的。

在重型液力自动变速器中，实现不同挡位的机构是行星齿轮变速机构，行星齿轮变速机构的基本构件是行星排和离合器。采用离合器换挡的最大好处是可以实现动力换挡，在换挡期间没有动力损失或动力损失较小。当离合器的两个动力传递元件中有一个元件固定不动时，离合器就变成了制动器。图 2.2 为重型液力自动变速器行星齿轮变速机构的工作原理图。图中，WK 为闭锁离合器，行星变速部分由四个行星排(P1、P2、P3、P4)和两个旋转离合器(C1、C2)组成，P、T、R 分别为泵轮、涡轮和导轮，C3、C4、C5、C6 为固定离合器。

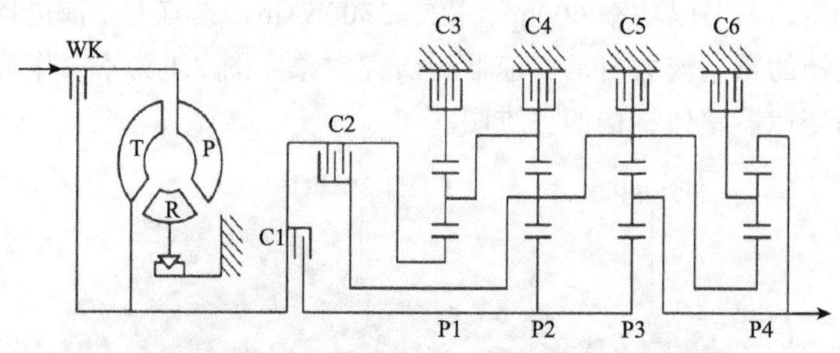

图 2.2　重型液力自动变速器行星齿轮变速机构的工作原理图

重型液力自动变速器电液控制模块的作用是实现换挡规律和换挡过程的自动控制，主要由传感器、液压控制系统和自动变速器 ECU 组成。其中，传感器主要用于采集发动机转速、行驶速度、制动信号、节气门开度等信号；液压控制系统主要为变速器的运行提供油源和油压动力，包括各液压元件和印刷油路板，此部分是本书重点关注的部分；自动变速器 ECU 根据传感器采集的信号向液压控制系统发出指令，在液压控制系统的控制下，变速器可以根据不同的工况要求自动实现行星齿轮的不同组合，以达到自动变速和变扭矩的目的。本章主要对重型液力自动变速器的结构及工作原理进行介绍，从而为后续重型液力自动变速器液压系统及其印刷油路的论述奠定基础。

2.2　重型液力自动变速器变矩器的结构及工作原理

液力变矩器是在发动机和液力变速器之间起液力机械耦合作用的部件[74]。液力变矩器通过液体连接泵轮和涡轮，能够根据负载变化自动无级地改变涡轮转速，提高车辆或大功率作业设备的通过能力，减少发动机对传动系统的冲击。在起步时，液力变矩器能够提高变矩比，从而提高车辆或大功率作业设备的动力性能，使其起步平稳柔和。

如图 2.3 所示，液力变矩器由泵轮、涡轮、导轮和闭锁离合器、离合器总成四部分组成，泵轮、涡轮和导轮都安装在密闭的充满油液的变矩器壳体内。如图 2.4 所示，泵轮与发动机飞轮直接相连，由发动机驱动，与发动机的输出

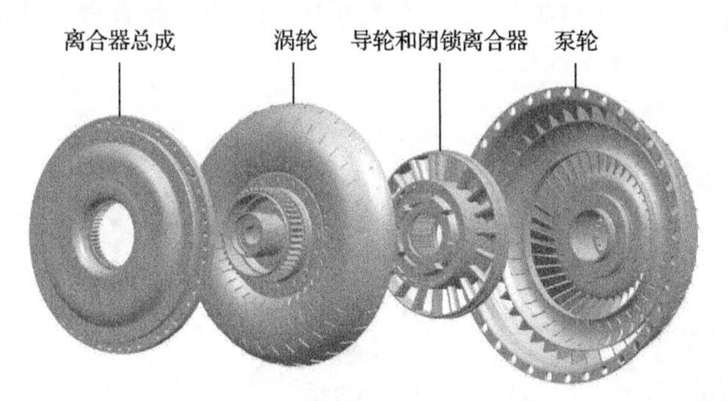

图 2.3　液力矩变器的组成示意图

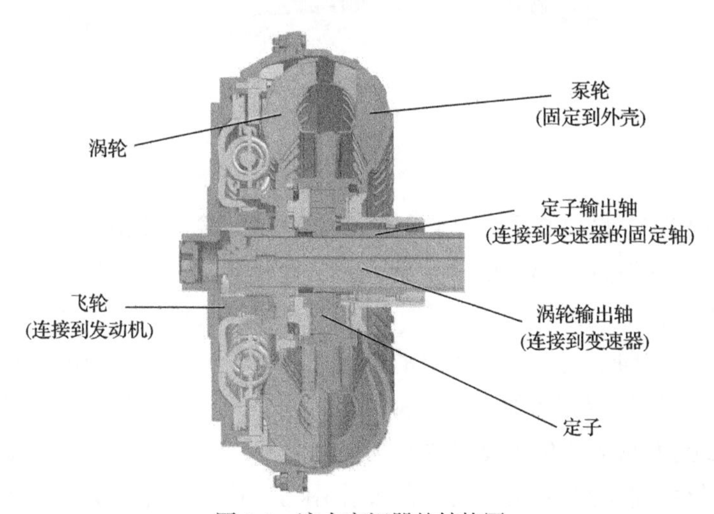

图 2.4　液力变矩器的结构图

转速相同。涡轮通过花键与涡轮轴相连，涡轮输出轴与变速器的输入轴相连。导轮轴固定在变速器的外壳上，导轮在泵轮与涡轮之间，它与泵轮、涡轮的叶片端面之间留有一定的间隙，因此导轮和泵轮、涡轮没有机械联系。导轮是动力传递的辅助元件，与单向离合器的工作原理类似，它的叶轮只能顺时针方向旋转。在导轮的辅助下，液力变矩器将发动机的动力通过泵轮传递给涡轮。为了保证液力变矩器的性能和油液循环良好，泵轮、涡轮和导轮的叶片都弯曲成一定的弧度，并径向倾斜排列。

2.2.1 泵轮

泵轮的结构如图 2.5 所示，它由发动机直接驱动，是液力变矩器的主动部分。当泵轮旋转时，油液在离心力的作用下沿着泵轮的叶片被甩到泵轮的外围，而正是由于油液被甩到泵轮外围，泵轮的中心区域形成真空，从而吸入更多的油液。

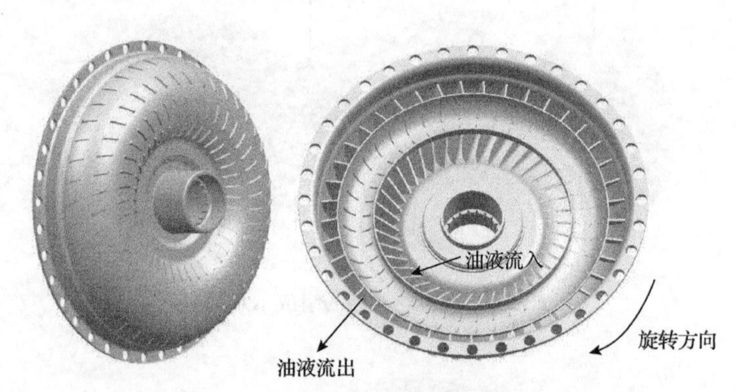

图 2.5 泵轮的结构及工作原理示意图

2.2.2 涡轮

涡轮的结构如图 2.6 所示，它与液力变矩器的输出轴相连，是液力变矩器的从动部分。油液进入涡轮的叶片后，由于涡轮叶片是弯曲的，油液在从涡轮中心流出来之前必须改变流动方向。如图 2.6 中箭头所示，油液从涡轮中央流出后，流动的方向不同于它流入时的方向，从涡轮流出的油液的流动方向与泵轮(及发动机)的旋转方向相反。众所周知，如果一个力使物体的运动方向发生改变，那么施力物体必然要受到这个力的反作用力，因此在涡轮使油液改变流动方向的同时，涡轮受到油液对它的反作用力，这个反作用力使涡轮旋转。由于涡轮与变速器相连，涡轮旋转使变速器旋转，变速器进而驱动主机运行。

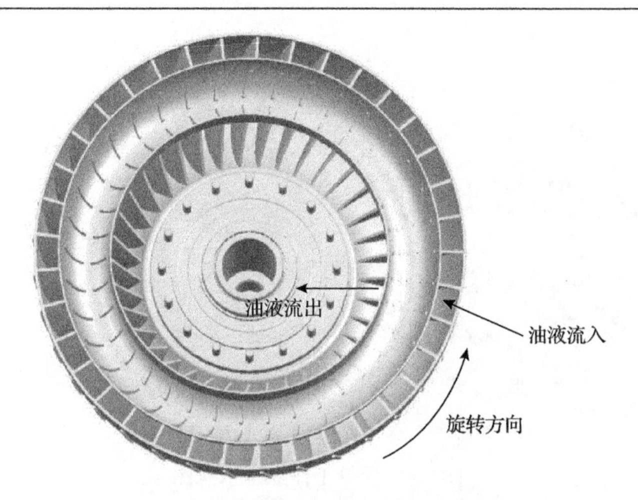

图 2.6 涡轮的结构及工作原理示意图

2.2.3 导轮

导轮的结构如图 2.7 所示，它由花键毂、内圈、单向离合器和叶片等组成，通过单向离合器固定在变矩器壳体上的导轮固定套上。导轮位于泵轮和涡轮之间，导轮内单向离合器的滚珠和弹簧结构使其只能沿顺时针方向旋转。

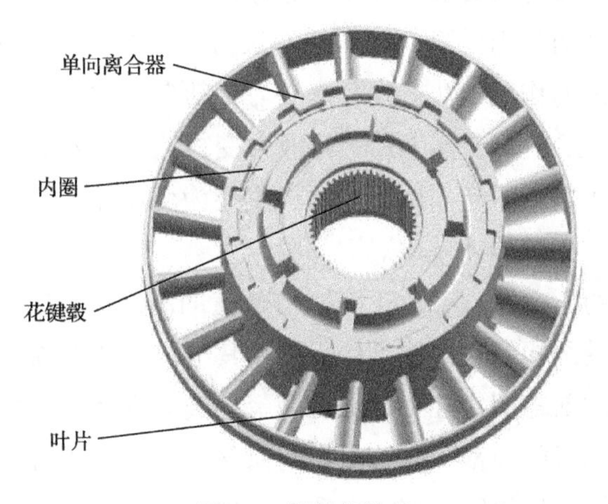

图 2.7 导轮的结构

导轮的作用是对油液进行导向，在传动过程中，导轮是一个反作用元件，当导轮不动时，可以迫使从涡轮返回的油液在再次到达泵轮之前改变流动方向。如图 2.8 所示，当油液逆时针方向冲击导轮，试图使导轮逆时针方向旋转时，导轮的内部结构使其被锁死而不能旋转，从而使油液改变流动方向；当油液顺时针方向冲击导轮时，由于导轮可以沿顺时针方向旋转，油液的流动方向不发生变化。

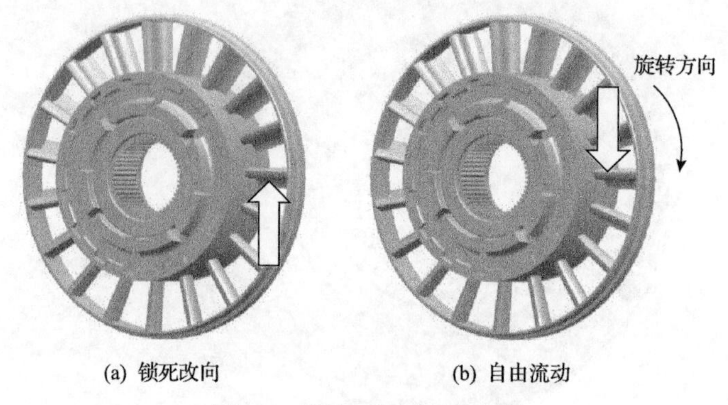

(a) 锁死改向　(b) 自由流动

图 2.8　导轮工作原理示意图

2.2.4　闭锁离合器

液力变矩器能够通过自动变矩以适应外界阻力的变化，减少冲击和振动，但研究表明，液力变矩器在耦合工况下，泵轮与涡轮的转速仍不能完全同步，两者之间存在 3%～6%的滑差，这样就造成了传动效率的损失。采取措施消除滑差，可以在怠速或巡航时提高 5%左右的燃油经济性[75]。因此，为了保证液力变速器具有较高的传动效率，必须限制液力变矩器的使用范围，在低速时，液力变矩器起变矩的作用，以充分发挥液力传动自动适应行驶阻力剧烈变化的优点；在高速时，闭锁离合器闭锁，使液力变矩器的输入轴和输出轴机械地连接在一起，液力变矩器不起作用，发动机直接为变速器提供驱动力，这样就可以降低能量损失，提高传动效率。

闭锁离合器的所有组件都位于变矩器前盖的内部，包括后挡板、离合器片和闭锁活塞等，其结构组成如图 2.9 所示。其中，后挡板位于涡轮的前部，它由螺栓与变矩器的前盖固定在一起，由发动机直接驱动，与发动机同步旋转；离合器片位于后挡板的前部，它的内齿与涡轮毂连接，从而使其与涡轮同步旋转；离合器片的前部是闭锁活塞，它与变矩器的前盖安装在一起，变矩器的前盖又通过螺栓与泵轮连接在一起，并直接与发动机相连，因此闭锁活塞与发动机同步旋转。变矩器前盖、闭锁活塞、后挡板以及泵轮与闭锁离合器片、涡轮没有直接连在一起，其中闭锁活塞、后挡板由于和变矩器前盖连接在一起，与发动机同步旋转，相当于闭锁离合器的主动盘，离合器片能够在涡轮输出轴上轴向移动从动盘，在从动盘和主动盘相接触的面上装有摩擦片。从动盘一般有不带弹簧减振器和带有弹簧减振器两种结构形式，图 2.1 所示的重型液力自动变速器的液力变矩器采用带有弹簧减振器的从动盘，减振弹簧在离合器接合时可以吸收扭矩，防止振动。

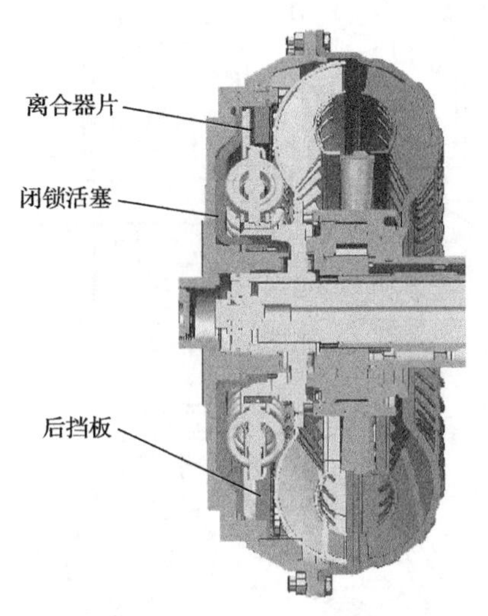

图 2.9　闭锁离合器的结构及其与变矩器的安装示意图

如图 2.10 所示，闭锁离合器有闭锁和解锁两个工作状态。

1) 闭锁工作状态

当涡轮的转速接近泵轮并达到预先设定的参数时，闭锁离合器闭锁。闭锁离合器的闭锁是通过电液控制系统对油压的控制来实现的，液压油的流动情况如图2.10(a)所示。油液在闭锁活塞两侧形成压力差，在油压的作用下将闭锁活塞压向离合器片，使离合器片向右移动压紧后挡板，后挡板固定在变矩器前盖上，离合器片与变矩器的前盖锁止在一起，闭锁离合器接合，这样变矩器就进入了闭锁工作状态。此时，变矩器的泵轮和涡轮机械地连接在一起，涡轮、泵轮与发动机同步旋转，从发动机传来的动力直接传递到涡轮轴上。发动机到液力变速箱前端的传动就变成了直接机械传动，机械传动效率接近于 100%，从而提高了行驶速度和燃料经济性。

2) 解锁工作状态

当涡轮转速小于泵轮转速时，液压油的流动方向与接合过程相反，在电液控制系统的控制下，液压油的流动方向如图 2.10(b)所示。闭锁活塞和离合器片在油压的作用下与后挡板分离，闭锁离合器解锁，此时，涡轮从与泵轮的直接机械传动状态又回到了液力变矩器的液力传动工作状态[76]。

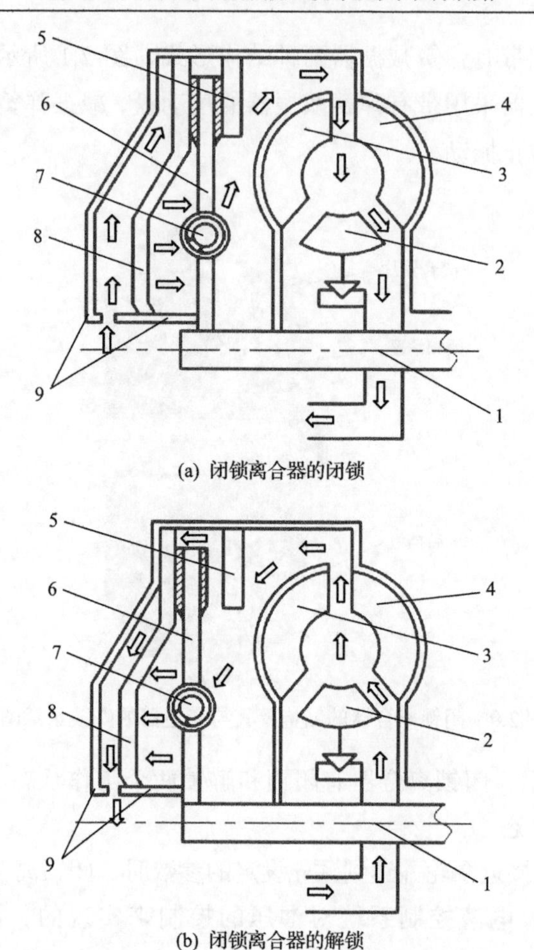

(a) 闭锁离合器的闭锁

(b) 闭锁离合器的解锁

图 2.10 闭锁离合器工作原理示意图

1. 涡轮轴；2. 导轮；3. 涡轮；4. 泵轮；5. 后挡板；6. 锁止离合器片；7. 扭转弹簧；8. 活塞；9. 前盖

2.2.5 液力变矩器的工作原理

变矩器工作时，在发动机的驱动下泵轮开始旋转，进入泵轮叶片流道内的油液在绕变矩器轴线旋转运动的同时，在离心力的作用下向叶片流道的出口方向流动，这样，泵轮叶片流道内的油液就获得了速度和动能，将发动机的机械能转化为工作油液的动能。获得动能的油液流向涡轮叶片的流道入口并冲击涡轮叶片，使涡轮获得转速和转矩，油液的动能又转换成机械能。涡轮带动涡轮轴旋转，将此机械能传递到变速器主动齿轮，由此实现了从发动机到变速箱主动齿轮的非机械刚性连接的输出能量传递过程。

变矩器的工况有三种，即变矩工况、耦合工况和闭锁工况。

1）变矩工况

变矩器的泵轮由发动机直接驱动，与发动机的转速相同。如图2.11所示，油液从泵轮的中部进入泵轮，在离心力的作用下从泵轮的外圈流出，然后油液进入涡轮，冲击涡轮的叶片，并从涡轮的内圈流出，当涡轮还没有开始旋转或者转速比较慢时，油液冲击涡轮的叶片后从涡轮流出的方向是逆时针方向，从涡轮流出的油液沿逆时针方向冲击导轮的叶片，试图使导轮沿逆时针方向旋转，但导轮的结构使其在逆时针方向上是被锁死的，因此油液在导轮对它的反作用力下改变了流动方向，沿顺时针方向流回泵轮。油液流回泵轮的方向与泵轮本身的旋转方向相同，因此泵轮的扭矩增大，这种工况称为变矩工况。

在变矩工况下，当涡轮不转动而泵轮在最高转速时，流过涡轮的油液所产生的力矩最大，扭矩的增加值也最大。当涡轮转速增大，逐渐接近泵轮转速时，扭矩的增加值逐渐降低[77]。

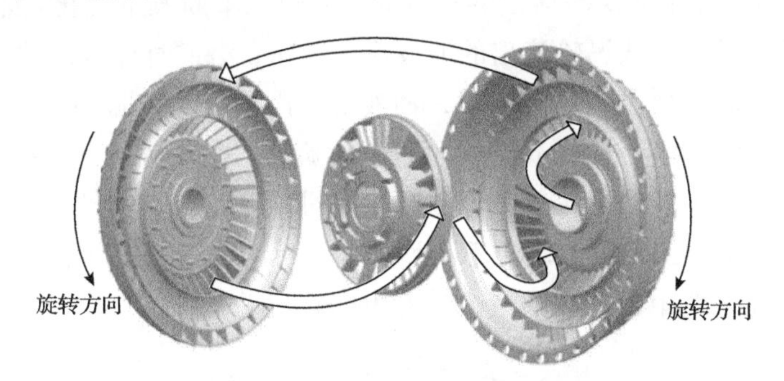

图2.11 变矩工况下油液流动方向

通过液力变矩器各工作轮转矩的平衡方程可以说明液力变矩器的变矩原理。在稳定工况下，液力变矩器循环腔中的工作油液作用在泵轮、涡轮和导轮上的转矩代数和为零，即

$$T_{BY} + T_{TY} + T_{DY} = 0 \tag{2.1}$$

式中，T_{BY}——油液作用在泵轮上的转矩；

T_{TY}——油液作用在涡轮上的转矩；

T_{DY}——油液作用在导轮上的转矩。

一般情况下，液力变矩器工作轮的机械效率接近于100%。令T_B、T_T、T_D分别为泵轮、涡轮和导轮的转矩，在不考虑机械效率的情况下，有以下关系：

$$T_{BY} = T_B$$
$$T_{TY} = T_T$$
$$T_{DY} = T_D$$

由此可得液力变矩器各工作轮的转矩平衡方程为

$$T_{\mathrm{B}}+T_{\mathrm{T}}+T_{\mathrm{D}}=0 \tag{2.2}$$

将式(2.2)变形得

$$-T_{\mathrm{T}}=T_{\mathrm{B}}+T_{\mathrm{D}} \tag{2.3}$$

对式(2.3)进行分析可以得出液力变矩器能够变矩的原因：当涡轮不转或者其转速比较慢时，由于导轮的存在，且 $T_{\mathrm{D}}>0$，有 $|-T_{\mathrm{T}}|>|T_{\mathrm{B}}|$，即涡轮的转矩在变矩工况下大于泵轮的转矩，从而起变矩作用。

2）耦合工况

从泵轮流出的油液驱动涡轮叶片，涡轮总是力图赶上泵轮的转速，若涡轮的转速不断增大，则从涡轮流出的油液的方向也在不断发生变化。变矩工况下，涡轮的转速比较慢，从涡轮流出的油液流入导轮，沿逆时针方向冲击导轮的叶片，当涡轮的转速增大到一定值时，油液变为沿顺时针方向冲击导轮的叶片，如图 2.12 所示。导轮在顺时针方向可以自由旋转，在此情况下，变矩器就失去了变矩作用，变矩器的泵轮、涡轮和导轮都同时旋转，变矩器的这种工况称为耦合工况。在耦合工况下，转矩不再增加，此时的液力变矩器相当于液力耦合器。耦合工况下变矩器中的油液流动称为回转流动。

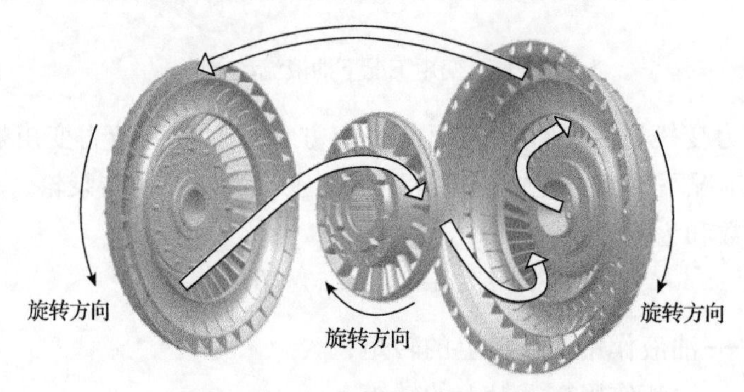

图 2.12　耦合工况下油液流动方向

3）闭锁工况

当变矩器进入耦合工况且涡轮的转速达到预先设定的参数时，ECU 就会控制闭锁离合器接合[78]。闭锁离合器的工作原理如前所述，在闭锁离合器闭锁后，相当于把发动机的动力直接传递到变速箱内，使动能损失得以减小。闭锁离合器闭锁时变矩器在发动机和变速箱之间提供 1∶1 的动力传递[79]。

2.3　重型液力自动变速器行星齿轮变速机构的结构及工作原理

2.3.1　重型液力自动变速器行星齿轮变速机构的整体结构

行星齿轮变速机构的组成结构如图 2.13 所示，它主要由四个行星排(P1、P2、P3、P4)、两个旋转离合器(C1、C2)和四个固定离合器(C3、C4、C5、C6)组成。其中，固定离合器和旋转离合器的主要功能是选取行星排，实现不同的挡位。行星齿轮变速机构采用的是常闭合的齿轮传动，其换挡是通过电液控制系统实现离合器的分离与接合，从而得到不同的输出转速，这种二自由度的行星齿轮变速机构可以将功率分流和汇合。通过改变构件间的连接和操纵控制、增加或减少行星齿轮数目以及改变齿轮的参数，可以得到满足不同传动要求的变速器方案，实现变速器的系列化[80]。

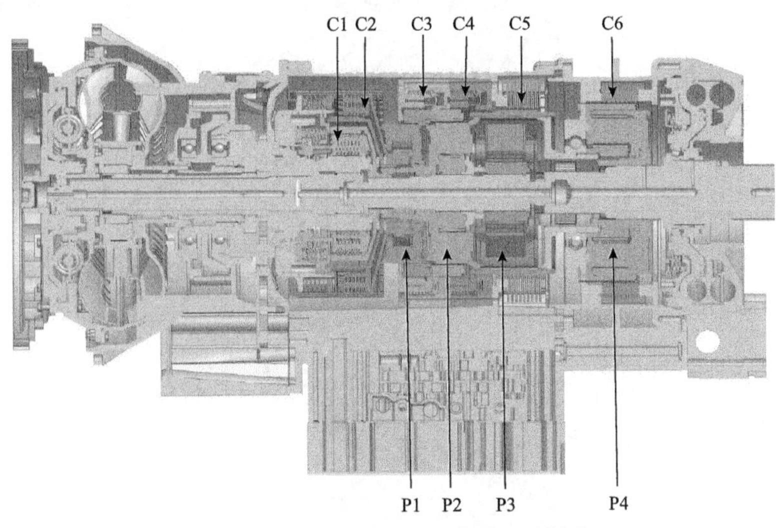

图 2.13　行星齿轮变速机构的组成结构

2.3.2　重型液力自动变速器行星排的结构及工作原理

如前所述，图 2.1 所示的重型液力自动变速器行星齿轮变速机构有 P1、P2、P3 和 P4 四个行星排，即四个行星齿轮组，其三维模型分别如图 2.14～图 2.17 所示。P1、P2、P3 和 P4 四个行星排均选用行星轮系中的 NGW 型行星齿轮，由太阳轮、齿圈、行星齿轮、行星齿轮架组成，其结构简图如图 2.18 所示。行星齿轮机构的太阳轮位于行星齿轮组的中间，行星齿轮围绕在太阳轮的周围；

图 2.14　P1 行星排

图 2.15　P2 行星排

图 2.16　P3 行星排

图 2.17 P4行星排

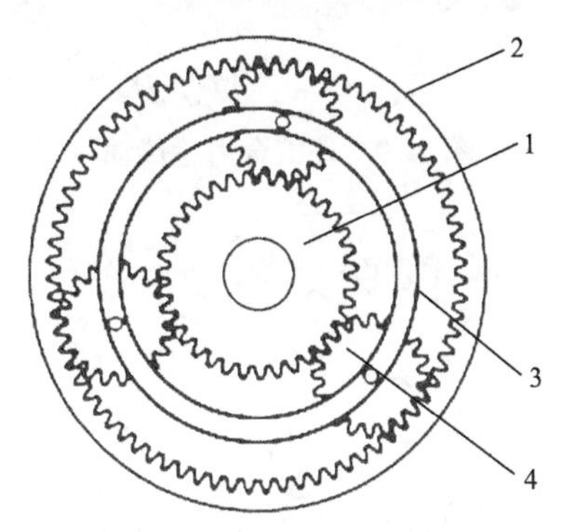

(a) 行星齿轮机构结构图

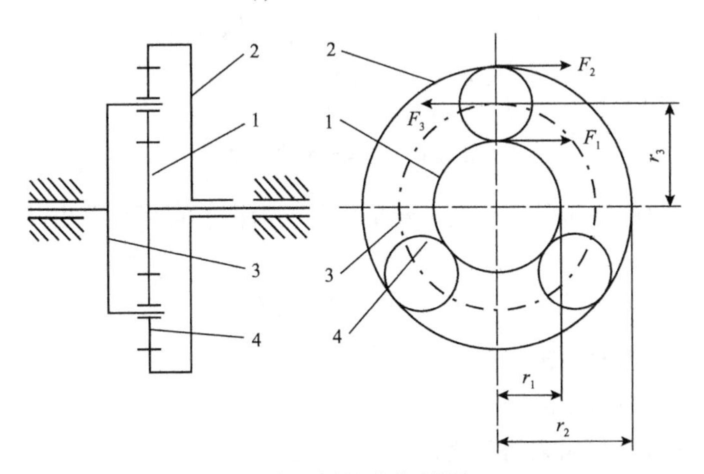

(b) 行星齿轮机构传动简图

图 2.18 NGW型行星齿轮机构结构及传动简图

1. 太阳轮；2. 齿圈；3. 行星齿轮架；4. 行星齿轮

行星齿轮安装在行星齿轮架上，其轮齿与太阳轮的轮齿外啮合；齿圈在行星齿轮的外部，它的内齿与行星齿轮的轮齿相啮合。可见，行星齿轮机构在传动过程中存在外啮合齿轮传动和内啮合齿轮传动两种情况。当两个外啮合齿轮传动时，它们的转动方向是相反的；当两个内啮合齿轮传动时，它们的旋转方向是相同的，分别如图 2.19 和图 2.20 所示。

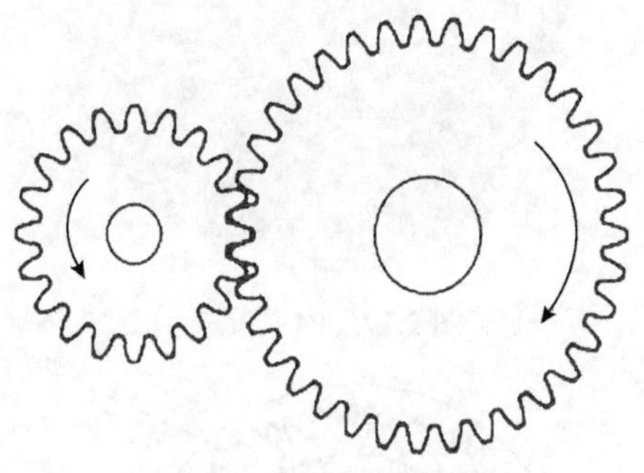

图 2.19　外啮合齿轮传动

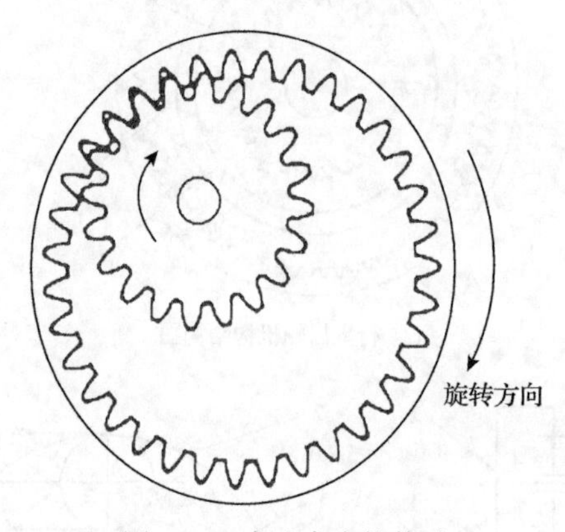

图 2.20　内啮合齿轮传动

根据图 2.18(b)所示的行星齿轮机构传动简图，可以计算出其运动特性方程为

$$n_s + \alpha n_r = (1+\alpha) n_p \tag{2.4}$$

式中，n_s——太阳轮的转速；

n_r——齿圈的转速；

n_p——行星齿轮架的转速；

α——齿圈和太阳轮的齿数之比，$\alpha = Z_r/Z_s$；

Z_r——齿圈的齿数；

Z_s——太阳轮的齿数。

当行星齿轮机构的太阳轮、齿圈和行星齿轮架这三个元件中一个元件被固定，另一个元件转动时，第三个元件就成为输出元件，通过使不同的元件分别被固定和转动，行星齿轮机构可以实现不同的传动比和传动方向。概括起来，行星齿轮机构可以实现增速或减速传动、1∶1 速比直接传动和倒挡传动。

1）增速或减速传动

若将齿圈固定，将太阳轮作为输入元件，则行星齿轮架为输出元件，如图 2.21（a）所示。由于齿圈固定，$n_r=0$，由行星齿轮机构的运动特性方程（2.4）可知 $n_s=(1+\alpha)n_p$，则传动比 $I=n_s/n_p=1+\alpha=(Z_s+Z_r)/Z_s>1$，可见，行星齿轮架以比太阳轮更慢的速度旋转，这样就实现了减速传动。

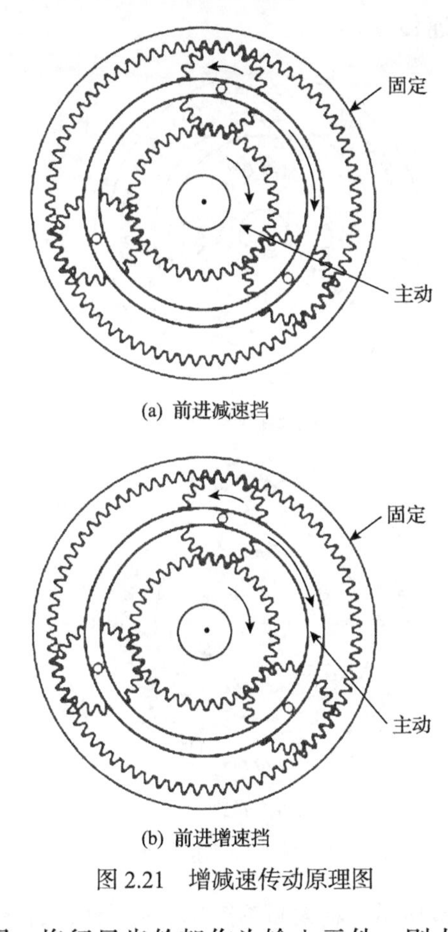

(a) 前进减速挡

(b) 前进增速挡

图 2.21　增减速传动原理图

若同样固定齿圈，将行星齿轮架作为输入元件，则太阳轮为输出元件，如图 2.21（b）所示，其传动比 $I=n_p/n_s=1/(1+\alpha)=Z_s/(Z_s+Z_r)<1$，可见，太阳轮以比行星齿轮架更快的速度旋转，这样就实现了增速传动。

2) 1∶1 速比直接传动

若行星齿轮机构中没有元件被固定，其中两个元件以相同的方向旋转，则第三个元件为输出元件，它的转速和方向与输入元件相同，这样就实现了 1∶1 速比的直接传动。

3) 倒挡传动

在倒挡时，行星齿轮架被固定，太阳轮或齿圈作为输入元件。如图 2.22(a) 所示，将齿圈作为输入元件，太阳轮作为输出元件，因为行星齿轮架固定，$n_p=0$，由行星齿轮机构的运动特性方程(2.4)可知 $n_s=-\alpha n_r$，则传动比 $I=n_s/n_r=-\alpha=-Z_r/Z_s$，可见，太阳轮将以相反方向且以比输入元件更快的速度旋转，从而实现倒挡增速传动。

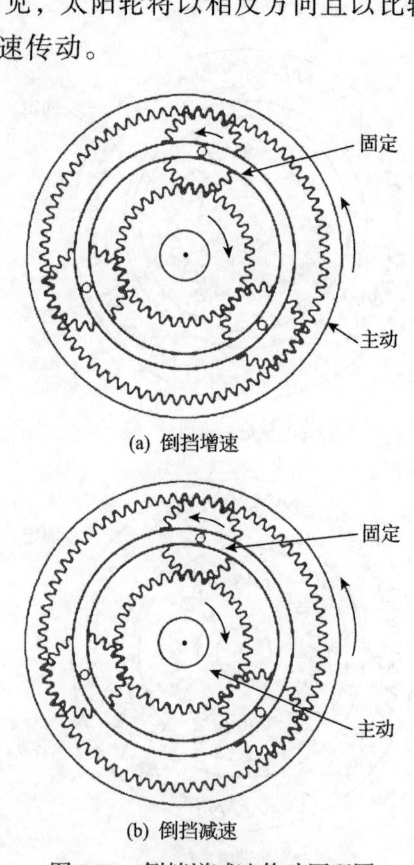

图 2.22　倒挡增减速传动原理图

反之，如图 2.22(b) 所示，将太阳轮作为输入元件，齿圈作为输出元件，因为行星齿轮架固定，$n_p=0$，由行星齿轮机构的运动特性方程(2.4)可知 $n_s=-\alpha n_r$，则传动比 $I=n_r/n_s=-1/\alpha=-Z_s/Z_r$，可见，齿圈将以相反方向且相对较慢的速度旋转，从而实现倒挡减速传动。

根据上述分析，对行星齿轮机构的动力传递进行汇总，如表2.1所示。

表2.1　动力传递汇总表

太阳轮	行星齿轮架	齿圈	速度	方向
输入	输出	固定	减小	相同
输出	输入	固定	增加	相同
固定	输入	输出	增加	相同
固定	输出	输入	减小	相同
输入	固定	输出	减小	相反
输出	固定	输入	增加	相反

注：当以相同速度和方向驱动其中两个元件时，其输入和输出速度相同，速比为1∶1。

2.3.3　离合器的结构及工作原理

离合器的作用是将传递的动力截止或者将动力传递给行星齿轮机构的某一个元件。离合器由两种离合器片和活塞构成，两种离合器片分别为内摩擦片和外摩擦片，它们分别连接不同的元件，内摩擦片连接离合器内部的齿圈或者齿轮，外摩擦片连接离合器的外部元件，通常是壳体。

离合器接合和分离的示意图如图2.23所示。当离合器接合时，离合器内液压油的油压推动活塞移动，使离合器的内摩擦片和外摩擦片紧密接合在一起，从而将分别与离合器内摩擦片和外摩擦片相连接的元件接合成一个整体。离合器的油压被排放后，离合器的活塞在回位弹簧的推动下回位，离合器的内摩擦

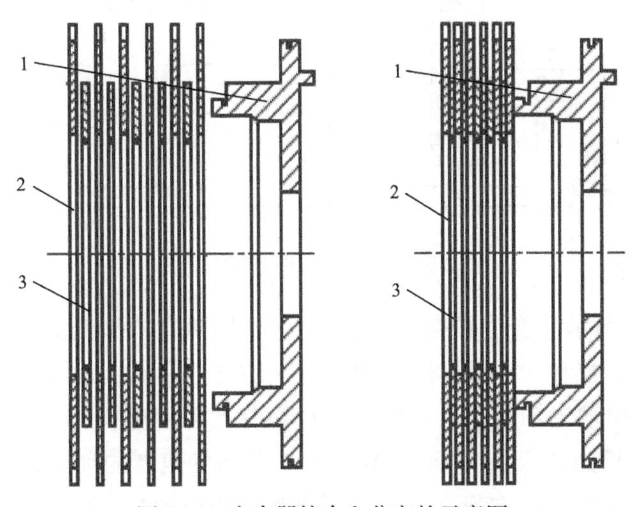

图2.23　离合器接合和分离的示意图

1. 活塞；2. 外摩擦片；3. 内摩擦片

片和外摩擦片分离，与它们相连接的元件可以单独旋转。

离合器可分为固定离合器和旋转离合器。离合器的外摩擦片连接变速箱的壳体，外摩擦片不转动，这种离合器称为固定离合器；与外摩擦片连接的壳体不固定，可以旋转，这种离合器称为旋转离合器。固定离合器的作用是使行星齿轮机构的元件被固定，旋转离合器的作用是为变速箱的组件传递动力。

2.3.4 重型液力自动变速器的动力传递路线分析及各挡位的传动比

如图 2.1 所示的重型液力自动变速器中，P4 行星排的齿圈与输出轴相连接，P4 行星排的太阳轮与 P3 行星排的齿圈相连接；P3 行星排的行星齿轮安装在行星齿轮架上，并且该行星齿轮架通过花键与变速箱的输出轴连接，P3 行星排的太阳轮与变速箱的主轴连接；P2 行星排的太阳轮也与变速箱的主轴连接，P3 行星排的齿圈与 P2 行星排的行星齿轮架连接；P2 行星排的齿圈与 P1 行星排的行星齿轮架连接，P1 行星排的齿圈是一个单独的元件。每一个齿圈的外部都有槽与离合器的内摩擦片连接，离合器根据需要固定相应的齿圈，使行星齿轮组可以传递动力。P1 行星排的太阳轮与旋转离合器模块连接，旋转离合器模块又与涡轮轴相连接。在旋转离合器模块的内部，有两个旋转离合器 C1 和 C2，其中，C1 是一个直径较小的离合器，它控制涡轮轴和主轴的连接；C2 是一个直径较大的离合器，它控制涡轮轴和 P2 行星排的行星齿轮架的连接。图 2.1 所示的重型液力自动变速器行星排的结构简图如图 2.24 所示。

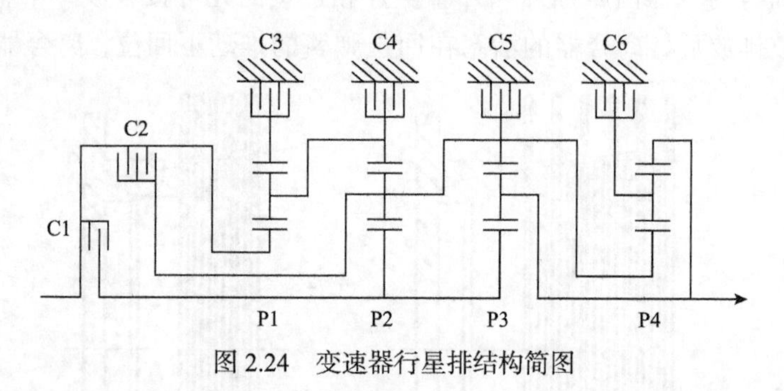

图 2.24 变速器行星排结构简图

如图 2.24 所示，变速箱空挡时，C5 离合器接合，从变矩器传来的动力只传到了旋转离合器和 P1 行星排的太阳轮，前进挡和倒挡时必须有两组离合器同时接合。根据输出轴转速的不同，变速箱有七个前进挡（Ⅰ挡、Ⅱ挡、Ⅲ挡、Ⅳ挡、Ⅴ挡、Ⅵ挡、Ⅶ挡）。通过分析液力自动变速器的动力传递路线，确定每个挡位的行星排运动方程，可以计算出相应挡位的传动比[80]。

在计算传动比的过程中，设涡轮轴输入的转速为 n_T，输出轴的转速为 n_o，

n_{oi} 为 i 挡位时的输出转速，α_i 为行星排 Pi 的齿圈和太阳轮齿数之比，n_{si} 为行星排 Pi 的太阳轮的转速，n_{ri} 为行星排 Pi 的齿圈的转速，n_{Pi} 为行星排 Pi 的行星齿轮架的转速。

Ⅰ挡时，旋转离合器 C1 与固定离合器 C6 接合，动力传递路线如图 2.25 所示。P1 行星排的太阳轮由旋转离合器驱动，P1 行星排在无负荷的情况下运转，P1 行星排的行星架与 P2 行星排的齿圈通过花键连接。C1 离合器把 P2 行星排和 P3 行星排的太阳轮与涡轮轴连接，P2 行星排、P3 行星排的太阳轮的转速和旋转方向都与涡轮轴一致。涡轮轴直接驱动 P1 行星排、P2 行星排、P3 行星排的太阳轮作为动力输入，P1 行星排、P2 行星排、P3 行星排的各元件之间相互影响。P4 行星排由太阳轮作为输入元件，P4 行星排的行星架由 C6 离合器固定，P4 行星排的齿圈作为输出元件驱动输出轴。

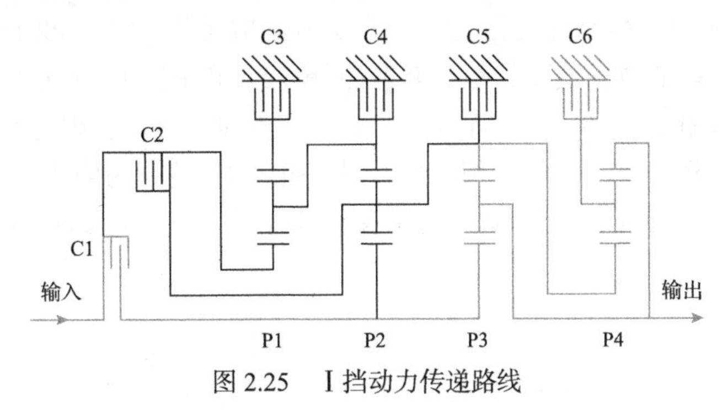

图 2.25　Ⅰ挡动力传递路线

通过动力传递路线可以得知，Ⅰ挡时，P3 行星排和 P4 行星排的行星齿轮机构的运动方程分别为

$$n_T + \alpha_3 n_{r3} - (1+\alpha_3) n_{o1} = 0 \tag{2.5}$$

$$n_{r3} + \alpha_4 n_{o1} = 0 \tag{2.6}$$

已知，$\alpha_3 = 123/49$，$\alpha_4 = 123/75$，求解得一挡位的传动比为 $I_1 = n_T / n_{o1} = 7.627$。

Ⅱ挡时，旋转离合器 C1 和固定离合器 C5 接合，动力传递路线如图 2.26 所示。C1 与 C5 离合器接合，C1 离合器把涡轮轴与主轴连接在一起，C5 是固定离合器，它将 P3 行星排的齿圈固定，主轴旋转驱动 P3 行星排的太阳轮，使 P3 行星排的行星架成为输出元件驱动输出轴旋转。

Ⅱ挡时，P3 行星排的行星齿轮机构的运动方程为

$$n_T - (1+\alpha_3) n_{o2} = 0 \tag{2.7}$$

已知，$\alpha_3 = 123/49$，求解得Ⅱ挡的传动比为 $I_2 = n_T / n_{o2} = 3.51$。

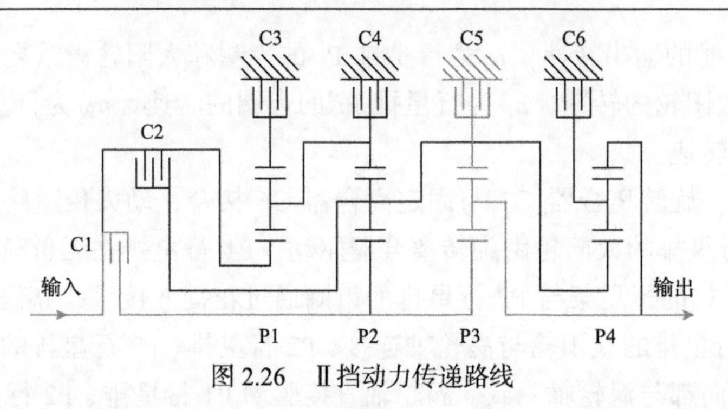

图 2.26　Ⅱ挡动力传递路线

Ⅲ挡时，旋转离合器 C1 和固定离合器 C4 接合，动力传递路线如图 2.27 所示。C1 旋转离合器接合，把涡轮轴与主轴连接在一起，驱动 P2 行星排和 P3 行星排的太阳轮。C4 离合器接合，固定 P2 行星排的齿圈，P2 行星排的太阳轮作为输入元件，P2 行星排的行星架作为动力输出元件，它与 P2 行星排的太阳轮以相同行星排的方向旋转，但是转速较慢。P3 和 P2 的太阳轮以相同的速度旋转，P3 行星排的齿圈与 P2 行星排的行星架连接在一起，因此它也以较慢的速度旋转，起到固定元件的作用。P3 行星排的太阳轮作为输入，P3 行星排的齿圈相对固定，所以 P3 行星排的行星架输出动力，驱动变速箱输出轴。

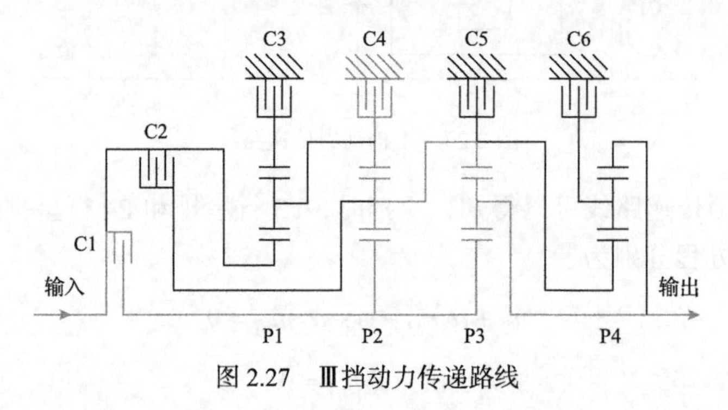

图 2.27　Ⅲ挡动力传递路线

Ⅲ挡时，P2 行星排和 P3 行星排的行星齿轮机构的运动方程分别为

$$n_{\mathrm{T}}-(1+\alpha_2)n_{\mathrm{P1}}=0 \tag{2.8}$$

$$n_{\mathrm{T}}+\alpha_3 n_{\mathrm{P2}}-(1+\alpha_3)n_{\mathrm{o3}}=0 \tag{2.9}$$

已知 $\alpha_2=117/59$，$\alpha_3=123/49$，求解得到Ⅲ挡的传动比为 $I_3=n_{\mathrm{T}}/n_{\mathrm{o3}}=1.906$。

Ⅳ挡时，旋转离合器 C1 和固定离合器 C3 接合，动力传递路线如图 2.28 所示。C1 与 C3 离合器接合，P1 行星排的太阳轮被旋转离合器驱动，C3 离合器固定 P1 行星排的齿圈，使 P1 行星排的行星架与 P1 行星排的太阳轮的旋转方向相同，但转速较慢。P2 行星排的太阳轮与主轴一起旋转，并且与 P1 行星排的太阳轮的转速相同，它是 P2 行星排的输入元件。P2 行星排的齿圈与 P1 行星排的行星架通过花键连接，因此 P2 行星排的齿圈与 P1 行星排的行星架以较慢的速度一同旋转，可以看成一个固定元件，这使 P2 行星排的行星架以比 P2 行星排的太阳轮较慢的速度旋转。P3 行星排的太阳轮与主轴一起旋转，P3 行星排的齿圈与 P2 行星排的行星架连接，因此 P3 行星排的齿圈的转速与 P2 行星排的行星架相同且慢于 P3 行星排的太阳轮，起固定元件的作用。P3 行星排的行星架作为输出元件驱动输出轴。

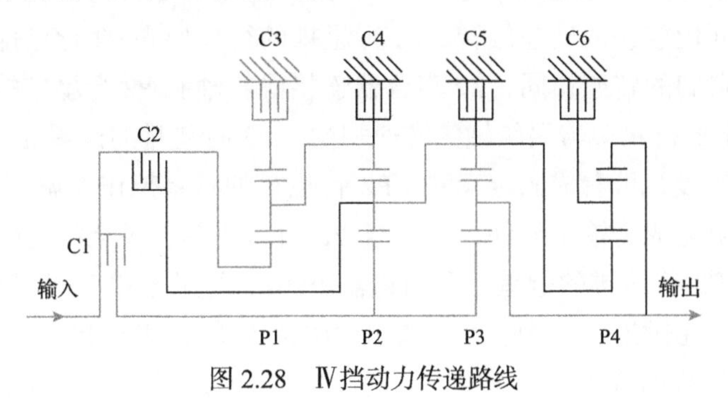

图 2.28　Ⅳ挡动力传递路线

Ⅳ挡时，P1 行星排、P2 行星排、P3 行星排的行星齿轮机构的运动方程分别为

$$n_{\mathrm{T}}-(1+\alpha_1)n_{\mathrm{P1}}=0 \tag{2.10}$$

$$n_{\mathrm{T}}+\alpha_2 n_{\mathrm{P1}}-(1+\alpha_2)n_{\mathrm{P2}}=0 \tag{2.11}$$

$$n_{\mathrm{T}}+\alpha_3 n_{\mathrm{P2}}-(1+\alpha_3)n_{\mathrm{o4}}=0 \tag{2.12}$$

已知，$\alpha_1=125/73$，$\alpha_2=117/59$，$\alpha_3=123/49$，求解得Ⅳ挡位的传动比为 $I_4=n_{\mathrm{T}}/n_{\mathrm{o4}}=1.429$。

Ⅴ挡时，旋转离合器 C1、C2 接合，也称为直接挡，当变速器处于该挡位时，动力传递路线如图 2.29 所示。C1 离合器连接涡轮与主轴，C2 离合器连接

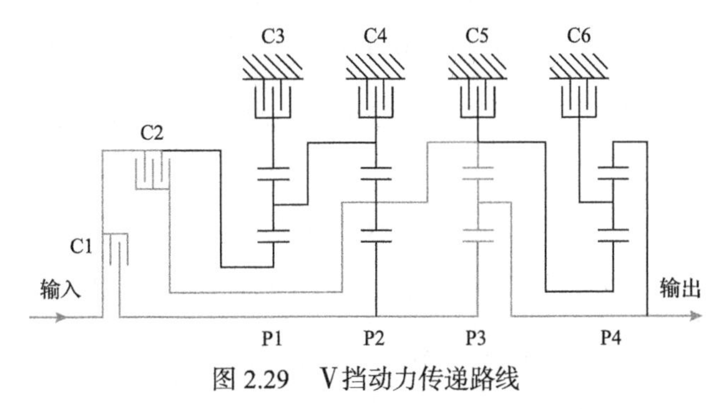

图 2.29　Ⅴ挡动力传递路线

涡轮轴和 P2 行星排的行星架，因为没有固定离合器接合，所以行星齿轮排的所有元件都以与涡轮轴相同的速度旋转，P3 行星排的行星架作为动力输出元件，把动力传递给输出轴。所有的元件都同步旋转，液力自动变速器的输出轴的转速等于涡轮轴转速，即此时的传动比 $I_5=1$。

Ⅵ挡时，旋转离合器 C2 和固定离合器 C3 接合，动力传递路线如图 2.30 所示。C2 离合器接合，P1 行星排的太阳轮以涡轮轴的速度旋转，C3 离合器接合，P1 行星排的齿圈被固定，动力输出元件是 P1 行星排的行星架，它以与涡轮轴方向相同但较慢的转速旋转。P1 行星排的行星架和 P2 行星排的齿圈通过花键连接，它们的转速相同，C2 离合器连接涡轮轴和 P2 行星排的行星架，所以 P2 行星排的行星架与涡轮轴的转速相同。P2 行星排的齿圈的转速较 P2 行星排的行星架慢，可看成固定元件，P2 行星排的行星架作为输入元件，使 P2 行星排的太阳轮成为输出元件，并以与 P2 行星排的行星架相同的方向旋转，但速度要比 P2 行星排的行星架和涡轮轴快。P2 行星排和 P3 行星排的太阳轮均与主轴通过花键连接，因此 P3 行星排的太阳轮的转速与 P2 行星排的太阳轮相同，P3 行星排的太阳轮成为 P3 行星排的动力输入元件，P3 行星排的齿圈与 P2 行星排的行星架通过花键连接，也成为输入元件，但由于 P3 行星排的齿圈的转速慢于 P3 行星排的太阳轮，P3 行星排的齿圈可看成固定元件，因此 P3 行星排的行星架成为输出元件，把动力传递给变速箱的输出轴。

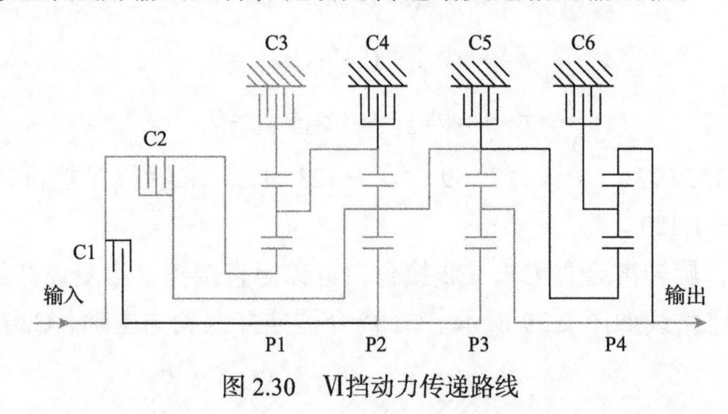

图 2.30　Ⅵ挡动力传递路线

Ⅵ挡时，P1 行星排、P2 行星排、P3 行星排的行星齿轮机构的运动方程分别为

$$n_{\mathrm{T}}-(1+\alpha_1)n_{\mathrm{P1}}=0 \tag{2.13}$$

$$n_{\mathrm{s2}}+\alpha_2 n_{\mathrm{P1}}-(1+\alpha_2)n_{\mathrm{T}}=0 \tag{2.14}$$

$$n_{\mathrm{s2}}+\alpha_3 n_{\mathrm{T}}-(1+\alpha_3)n_{\mathrm{o6}}=0 \tag{2.15}$$

已知，$\alpha_1 = 125/73$，$\alpha_2 = 117/59$，$\alpha_3 = 123/49$，求解得Ⅵ挡位的传动比为 $I_6 = n_T / n_{o6} = 0.74$。

Ⅶ挡时，旋转离合器 C2 和固定离合器 C4 接合，动力传递路线如图 2.31 所示。旋转离合器 C2 把 P2 行星排的行星架与涡轮输出轴连接到一起，P2 行星排的行星架和涡轮输出轴的转速相同，P2 行星排的齿圈被固定离合器 C4 固定，P2 行星排的太阳轮成为输出元件，其旋转方向与 P2 行星排的行星架相同，但速度大于 P2 行星排的行星架和涡轮轴。P2 行星排和 P3 行星排的太阳轮均与主轴通过花键连接，因此 P3 行星排的太阳轮与 P2 行星排的太阳轮的转速相同且大于涡轮轴的转速。P2 行星排的行星架与 P3 行星排的齿圈通过花键连接，因此 P3 行星排的齿圈与 P2 行星排的行星架的转速相同，也等于涡轮轴的转速，P3 行星排的齿圈的转速比 P3 行星排的太阳轮小，可以看成固定元件。P3 行星排的太阳轮作为输入，P3 行星排的齿圈为固定元件，P3 行星排的行星架成为输出元件，P3 行星排的行星架驱动变速器的输出轴，这就实现变速箱的第二个超速挡。

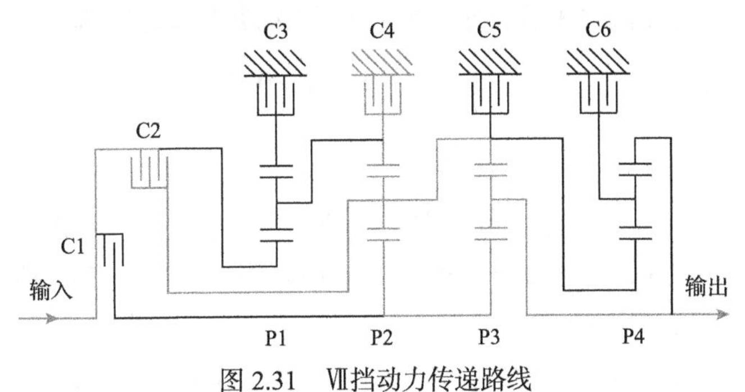

图 2.31　Ⅶ挡动力传递路线

Ⅶ挡时，P2 行星排、P3 行星排的行星齿轮机构的运动方程分别为

$$n_{s2} - (1+\alpha_2)n_T = 0 \tag{2.16}$$

$$n_{s2} + \alpha_3 n_T - (1+\alpha_3)n_{o7} = 0 \tag{2.17}$$

已知，$\alpha_2 = 117/59$，$\alpha_3 = 123/49$，求解得Ⅶ挡位的传动比为 $I_7 = n_T / n_{o7} = 0.64$。

倒挡时，C3 与 C5 离合器接合，动力传递路线如图 2.32 所示。P1 行星排的太阳轮由旋转离合器驱动，其转速与涡轮输出轴相同。C3 离合器将 P1 行星排的齿圈固定，P1 行星排的行星架作为输出元件。P1 行星排的行星架与 P2 行星排的齿圈通过花键连接，P2 行星排的齿圈和 P1 行星排的行星架成为一体，因此 P2 行星排的输入元件是 P2 行星排的齿圈。C5 离合器将 P3 行星排的齿圈固定，而 P3 行星排的齿圈与 P2 行星排的行星架通过花键连接，因此 P2 行星排的行星架也被固定，从而使 P2 行星排的太阳轮成为输出元件，它的旋转方向与涡轮轴相反。P2 行星排和 P3 行星排的太阳轮与主轴通过花键连接，因此 P3 行星排的太阳轮也以与涡轮轴相反的方向旋转，并成为 P3 行星排的输入元件，又因为 P3 行星排的齿圈被 C5 离合器固定，P3 行星排的行星架作为输出元件以与涡轮轴相反的方向旋转，从而驱动输出轴实现倒挡。

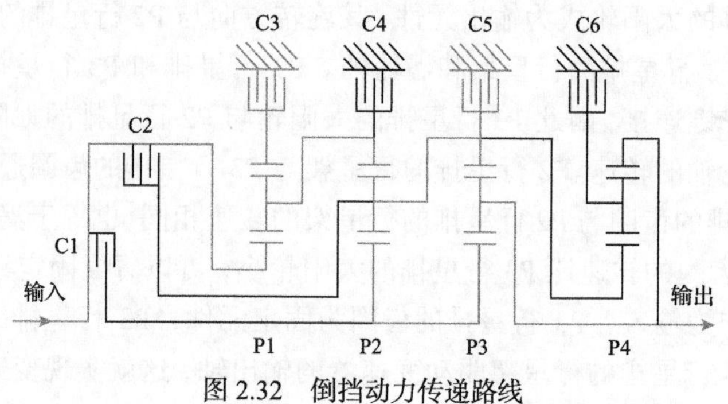

图 2.32　倒挡动力传递路线

倒挡时，P1、P2、P3 的行星齿轮机构的运动方程分别为

$$n_{\mathrm{T}}-(1+\alpha_1)n_{\mathrm{P1}}=0 \tag{2.18}$$

$$n_{\mathrm{s2}}+\alpha_2 n_{\mathrm{P1}}=0 \tag{2.19}$$

$$n_{\mathrm{s2}}-(1+\alpha_3)n_{\mathrm{oR}}=0 \tag{2.20}$$

已知，$\alpha_1=125/73$，$\alpha_2=117/59$，$\alpha_3=123/49$，求解得倒挡的传动比为 $I_{\mathrm{R}}=n_{\mathrm{T}}/n_{\mathrm{oR}}=-4.8011$。

根据上述分析，对各挡位的传动进行汇总，如表 2.2 所示。

表 2.2　各挡位的传动汇总表

挡位	接合离合器	工作行星排	传动比 I
空挡	C5	—	0
Ⅰ挡	C1/C6	P3/P4	7.627
Ⅱ挡	C1/C5	P3	3.51
Ⅲ挡	C1/C4	P2/P3	1.906
Ⅳ挡	C1/C3	P1/P2/P3	1.429
Ⅴ挡	C1/C2	P3	1
Ⅵ挡	C2/C3	P1/P2/P3	0.74
Ⅶ挡	C2/C4	P2/P3	0.64
倒挡	C3/C5	P1/P2/P3	−4.8011

第 3 章　基于逻辑设计法的重型液力自动变速器液压系统的设计

重型液力自动变速器液压系统中电磁阀的通电或断电、离合器(或制动器，统称离合器)的接合或分离以及换挡阀的换位等都具有二元逻辑特征，如何根据液压系统要实现的预期动作对上述元件进行合理与准确控制就变成了逻辑控制问题。若将液压系统的输入信号作为逻辑输入变量，以各挡位离合器的接合或脱离作为逻辑函数输出变量，则液压系统的逻辑关系可以用代数逻辑函数来表示，进而将实际的液压系统设计问题转化为抽象的数学问题，为重型液力自动变速器液压系统的设计开辟一条科学、严谨的新道路。

3.1　重型液力自动变速器液压系统设计的基本原理

3.1.1　基本液压逻辑回路

基本液压逻辑回路是构成复杂液压系统逻辑回路的基础。在液压逻辑回路中，“是”回路、“非”回路以及“与”回路是基本回路，基于这三种基本液压回路可以推导出一系列基本液压逻辑回路。表 3.1 为几种典型基本液压逻辑回路的组成和逻辑功能[81]。

表 3.1　几种典型基本液压逻辑回路

逻辑名称	逻辑表达式	逻辑阀符号	逻辑功能
“是”回路	$y=x$	p, x, y	当 x 有信号输入时，y 才有输出
“非”回路	$y=\overline{x}$	p, x, y	与“是”回路的逻辑功能相反

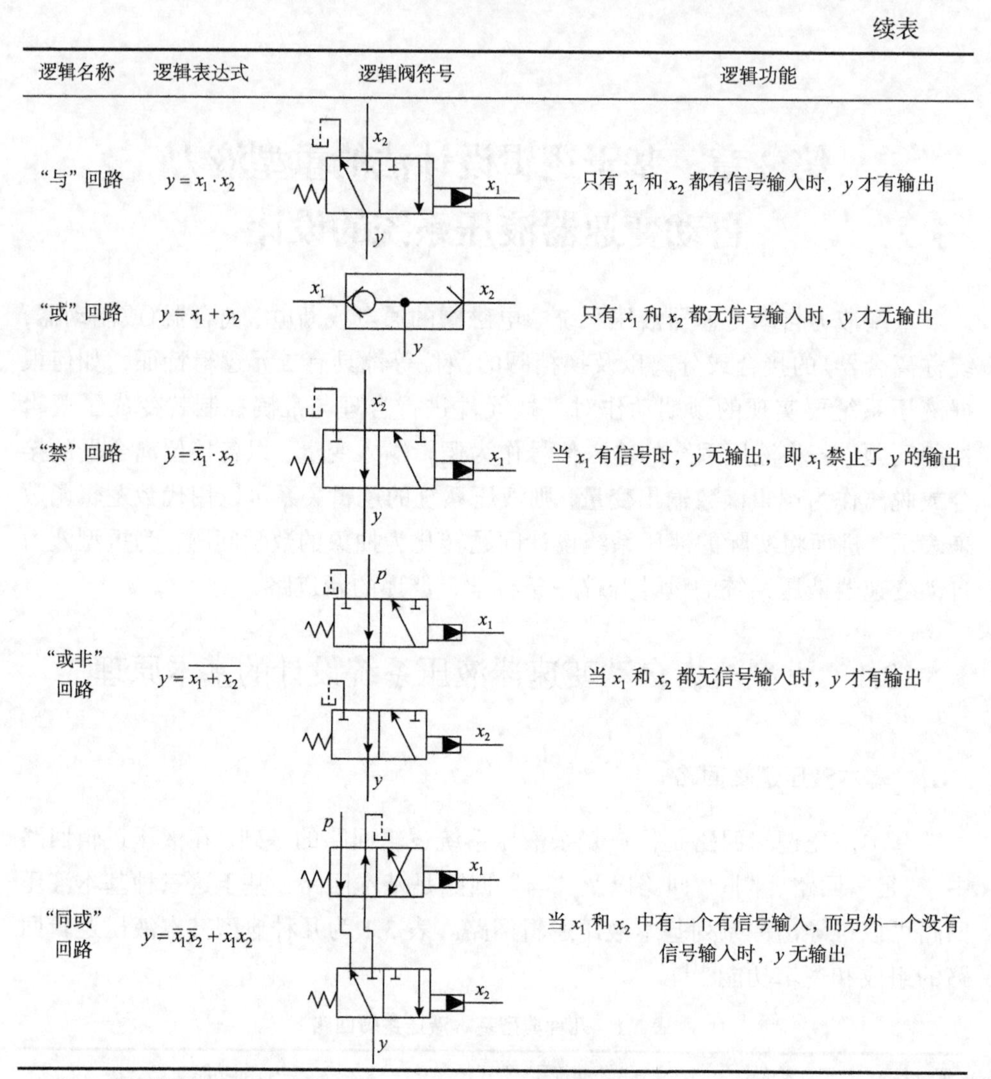

续表

逻辑名称	逻辑表达式	逻辑阀符号	逻辑功能
“与”回路	$y = x_1 \cdot x_2$		只有 x_1 和 x_2 都有信号输入时，y 才有输出
“或”回路	$y = x_1 + x_2$		只有 x_1 和 x_2 都无信号输入时，y 才无输出
“禁”回路	$y = \bar{x}_1 \cdot x_2$		当 x_1 有信号时，y 无输出，即 x_1 禁止了 y 的输出
“或非”回路	$y = \overline{x_1 + x_2}$		当 x_1 和 x_2 都无信号输入时，y 才有输出
“同或”回路	$y = \bar{x}_1\bar{x}_2 + x_1x_2$		当 x_1 和 x_2 中有一个有信号输入，而另外一个没有信号输入时，y 无输出

注：p 为控制压力。

3.1.2　基于逻辑设计法的液压系统设计的方案、原则及流程

重型液力自动变速器的液压系统包含多个功能相对独立、原理复杂的液压子系统，同时这些液压子系统又相互牵涉，互为制约，从而导致其液压系统整体极其复杂，为此，可将整个液压系统按实现功能分为主调压液压子系统、换挡控制液压子系统和闭锁控制及冷却润滑液压子系统。不同功率、不同系列和不同型号的重型液力自动变速器产品液压系统设计存在差异，但只要正确掌握逻辑设计法的基本原理和方法，任何型号的重型液力自动变速器液压系统都可

依此方法进行。为诠释重型液力自动变速器液压系统这种统一的、规范的逻辑设计法，以功率 600hp、扭矩 2300N·m，具有七个前进挡、一个倒挡和一个空挡的重型液力自动变速器为研究对象，采用逻辑设计法对其液压系统进行设计，其他型号重型液力自动变速器产品液压系统的设计据此流程进行即可。要设计出具有高质量实际应用性能的重型液力自动变速器液压系统，还须遵循功能实现、互锁和失效保护三大原则。其中，功能实现是基本原则，即按照动作要求实现所有功能，互锁即防止出现执行元件间的相互干涉，失效保护就是当某挡位发生故障时，液压系统仍能通过其他挡位来保证系统的正常运行。综上所述，可制定基于逻辑设计法的重型液力自动变速器液压系统方案设计流程，如图 3.1 所示。

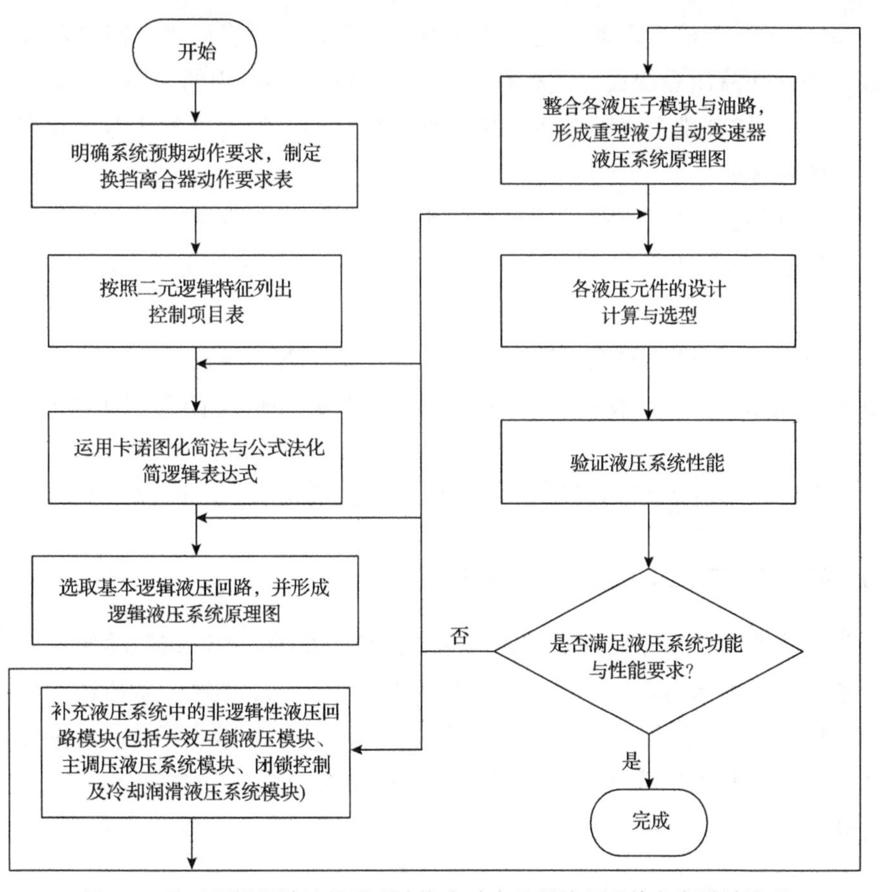

图 3.1　基于逻辑设计法的重型液力自动变速器液压系统方案设计流程

基于逻辑设计法的重型液力自动变速器液压系统方案设计流程具体如下：

(1) 明确该系统的预期动作要求，制定换挡离合器动作要求表，作为液压系统逻辑设计法的方向指南。

(2) 在动作要求表的基础上，按照二元逻辑特征列出输入变量和输出函数间的控制项目表(真值表)。

(3) 基于控制项目表，将各控制变量与其所对应的输出逻辑函数填入卡诺图中，并化简逻辑函数。需要指出的是，常用逻辑函数关系的化简方法有卡诺图化简法和公式法两种，在实际逻辑函数化简过程中，更多的是两者兼用，以使逻辑函数为最简式。

(4) 根据上述所化简的各逻辑函数式，分别选取与之对应的各液压逻辑回路，然后绘制出其局部液压逻辑回路；在此基础上，对各局部液压逻辑回路进行整合，以形成重型液力自动变速器换挡控制液压系统逻辑回路图。

(5) 针对重型液力自动变速器液压系统存在的非逻辑因素，需要对以逻辑代数为理论的液压系统设计进行补充，以解决液压系统中的非逻辑性因素。

(6) 在上述基础上，整合各液压元件与各油路，形成重型液力自动变速器液压系统原理图。

(7) 液压元件是组成液压系统的基本单元，需要根据重型液力自动变速器液压系统的工作原理和要求对液压非标准元件进行合理的设计计算，并完成其他液压元件型号的选定。

(8) 对上述所设计的液压系统进行性能验证，若不满足功能与性能要求，则返回步骤(3)～(5)以及步骤(7)完善此液压系统，直至满足功能与性能要求。

3.2　重型液力自动变速器换挡控制液压子系统的设计

3.2.1　换挡控制液压子系统的动作要求

为使重型液力自动变速器获得不同的挡位，液压系统需按照动作要求表将离合器接合，不同离合器的组合逻辑决定换挡的挡位。如第 2 章所述，具有七个前进挡、一个倒挡和一个空挡的某重型液力自动变速器的各挡位动作要求如表 3.2 所示，其中 C1 与 C2 离合器为旋转离合器，而 C3、C4、C5、C6 为固定离合器。

表 3.2　动作要求表

挡位	空挡	Ⅰ挡	Ⅱ挡	Ⅲ挡	Ⅳ挡	Ⅴ挡	Ⅵ挡	Ⅶ挡	倒挡
接合离合器	C5	C1/C6	C1/C5	C1/C4	C1/C3	C1/C2	C2/C3	C2/C4	C3/C5

3.2.2　换挡控制液压子系统的控制项目表

换挡动作要求表(表 3.2)共有 9 个实际动作要求，因此需要至少 4 个输入变量，而其组合状态有 2^4 个，可实现 16 种动作要求，剩余 7 种组合状态未被使用，在卡诺图中作为无关项 φ 参与化简。设 4 个输入变量子集为{ x_1, x_2, x_3, x_4 }；输出控制项目子集为{ y_1, y_2, y_3, y_4, y_5, y_6 }，并在输入变量列中用“1”表示换挡电磁阀得电状态，“0”表示换挡电磁阀未得电状态；同理，在输出控制项目列中用“1”表示离合器处于接合状态，“0”表示离合器处于未接合状态。然而，将 9 个实际动作要求填入控制项目表中时带有任意性，为在卡诺图中得到更多、更大的相邻项，达到更好简化换挡控制液压系统逻辑回路的目的，需结合卡诺图对控制项目表进行调整，调整后的控制项目表如表 3.3 所示。

表 3.3　调整后的控制项目表

组合序号	输入变量				调整后控制项目(离合器)						动作要求
	x_1	x_2	x_3	x_4	y_1	y_2	y_3	y_4	y_5	y_6	
0	0	0	0	0	1	0	0	0	1	0	Ⅱ挡
1	0	0	0	1	—	—	—	—	—	—	—
2	0	0	1	0	1	0	0	1	0	0	Ⅲ挡
3	0	0	1	1	1	1	0	0	0	0	Ⅴ挡
4	0	1	0	0	1	0	0	0	0	1	Ⅰ挡
5	0	1	0	1	1	0	1	0	0	0	Ⅳ挡
6	0	1	1	0	—	—	—	—	—	—	—
7	0	1	1	1	—	—	—	—	—	—	—
8	1	0	0	0	—	—	—	—	—	—	—
9	1	0	0	1	0	1	1	0	0	0	Ⅵ挡
10	1	0	1	0	—	—	—	—	—	—	—
11	1	0	1	1	0	1	0	1	0	0	Ⅶ挡
12	1	1	0	0	0	0	1	0	1	0	倒挡
13	1	1	0	1	—	—	—	—	—	—	—
14	1	1	1	0	0	0	0	0	1	0	空挡
15	1	1	1	1	—	—	—	—	—	—	—

3.2.3 换挡控制液压子系统的逻辑回路设计

根据动作要求及控制项目表可绘制出输出控制项目 y_1、y_2、y_3、y_4、y_5、y_6 的四变量卡诺图，如图 3.2 所示。根据卡诺图化简法则与公式法写出各输出控制项目的逻辑函数，并化简和变换，如式(3.1)～式(3.6)所示：

$$y_1 = \overline{x}_1 \tag{3.1}$$

$$y_2 = \overline{x}_2 x_4 \tag{3.2}$$

$$y_3 = \overline{x}_3 (x_1 + x_4) \tag{3.3}$$

$$y_4 = x_3 (x_1 x_4 + \overline{x_1 x_4}) \tag{3.4}$$

$$y_5 = \overline{x}_4 (x_1 + \overline{x_2 + x_3}) \tag{3.5}$$

$$y_6 = \overline{x}_1 x_2 \overline{x}_4 \tag{3.6}$$

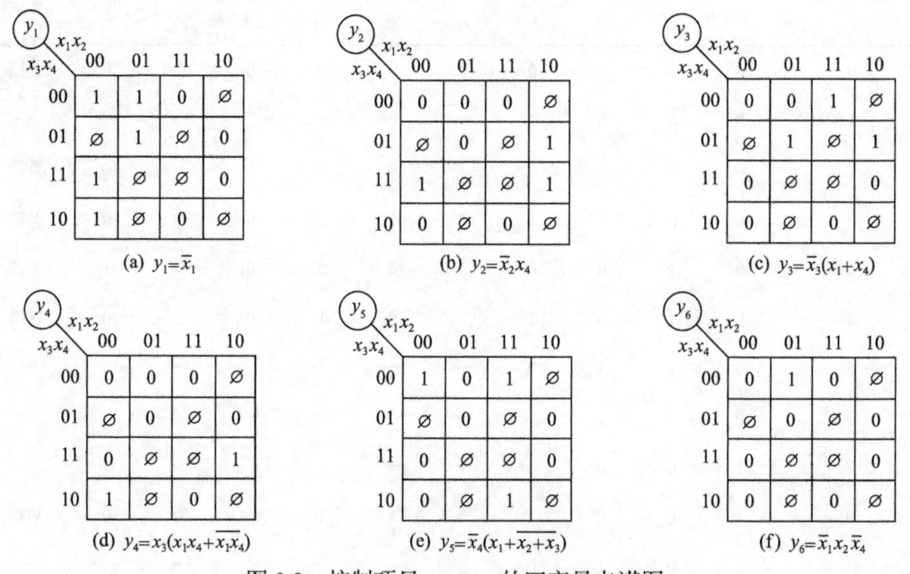

(a) $y_1=\overline{x}_1$　(b) $y_2=\overline{x}_2x_4$　(c) $y_3=\overline{x}_3(x_1+x_4)$

(d) $y_4=x_3(x_1x_4+\overline{x_1x_4})$　(e) $y_5=\overline{x}_4(x_1+\overline{x_2+x_3})$　(f) $y_6=\overline{x}_1x_2\overline{x}_4$

图 3.2　控制项目 $y_1 \sim y_6$ 的四变量卡诺图

结合式(3.1)～式(3.6)，经分析可知，式(3.1)属于逻辑“非”回路，可绘制其逻辑液压回路，如图 3.3(a)所示；式(3.2)属于逻辑“禁”回路，其逻辑液压回路如图 3.3(b)所示；式(3.3)属于逻辑“禁”回路和“或”回路，其局部逻辑液压回路如图 3.3(c)所示；式(3.4)属于逻辑“同或”回路，其逻辑液压回路如图 3.3(d)所示；式(3.5)属于逻辑“禁”回路、“或”回路和“或非”回路，其逻辑液压回路如图 3.3(e)所示；式(3.6)属于逻辑“或非”回路，其逻辑液压回路如图 3.3(f)所示。

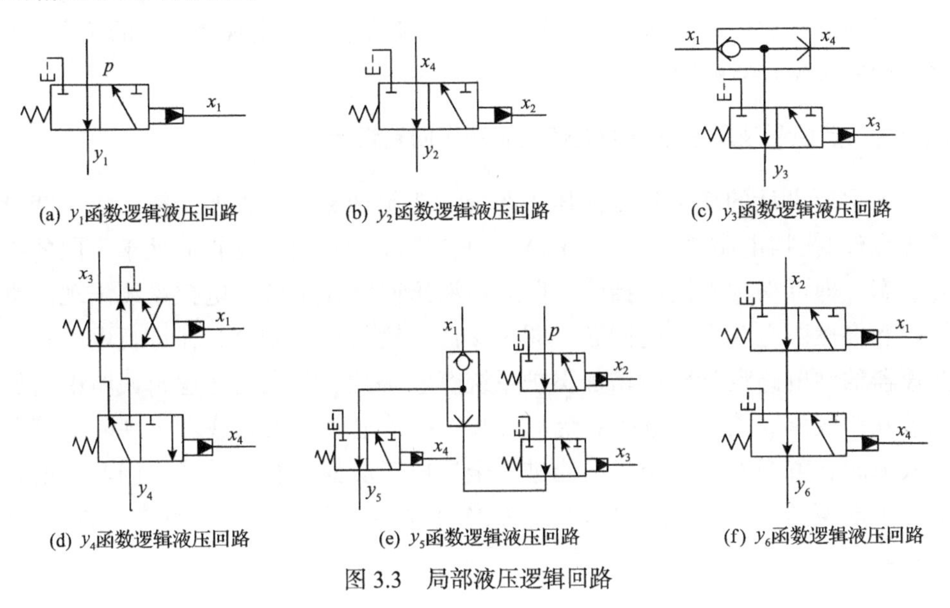

(a) y_1函数逻辑液压回路　(b) y_2函数逻辑液压回路　(c) y_3函数逻辑液压回路

(d) y_4函数逻辑液压回路　(e) y_5函数逻辑液压回路　(f) y_6函数逻辑液压回路

图 3.3　局部液压逻辑回路

根据式(3.1)～式(3.6)和相应的局部逻辑液压回路图 3.3(a)～(f)，合理加入四个控制变量液压元件(换挡电磁阀)、换挡阀、蓄能器以及离合器，可设计出换挡控制液压子系统的逻辑回路，如图 3.4 所示。该换挡控制液压子系统的

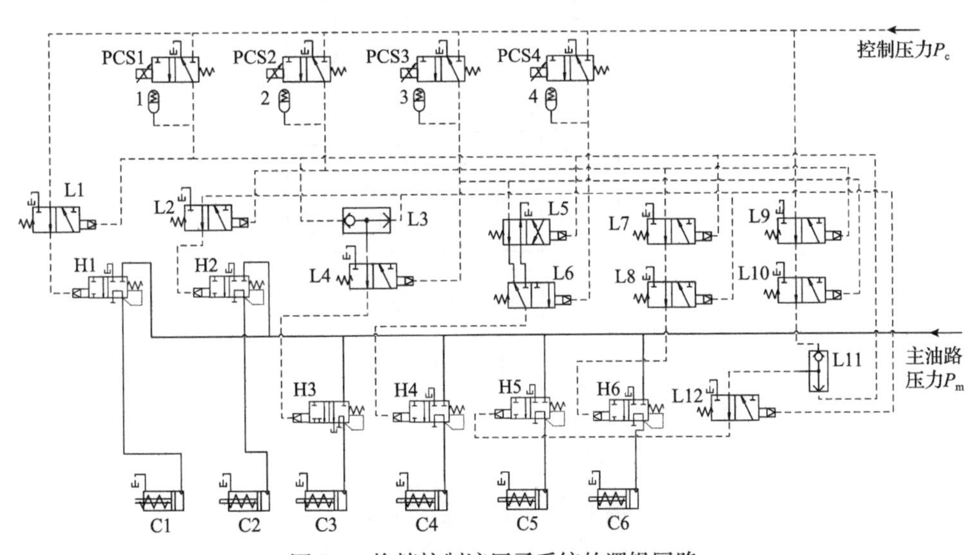

图 3.4　换挡控制液压子系统的逻辑回路

1～4. 蓄能器；PCS1～PCS4. 换挡电磁阀；L1～L12. 逻辑阀；H1～H6. 换挡阀；C1～C6. 离合器

逻辑回路由两条油路组成，一条为控制油路，控制压力通过换挡电磁阀经逻辑阀后控制换挡阀的换位与否，以实现主油路的接通或断开；另一条为主油路，主油路油液至换挡阀进油口，若主油液进入离合器，则实现离合器的接合，反之，则实现离合器的脱离。

3.2.4 换挡控制液压子系统的失效互锁液压回路设计

根据所设计的换挡控制液压子系统的逻辑回路，操纵四个输入控制变量液压元件(换挡电磁阀)PCS1、PCS2、PCS3 和 PCS4，使它们处于不同的组合状态，即可得到不同的挡位。但上述液压回路并未解决电控系统出现严重故障和突然断电时存在的问题，即为保证车辆的行车安全，在进行电控自动变速器的油电路设计时应增加保护系统[82]。为此，需在上述逻辑回路中增加失效互锁液压回路，当电控系统出现某一换挡电磁阀失效或者出现断电等严重故障时，整个液压系统依旧能进入全液压工况保证行车安全。因此，增设由开关电磁阀 SS1 和锁止阀 LC1、LC5 组成的失效互锁液压回路，如图 3.5 所示。

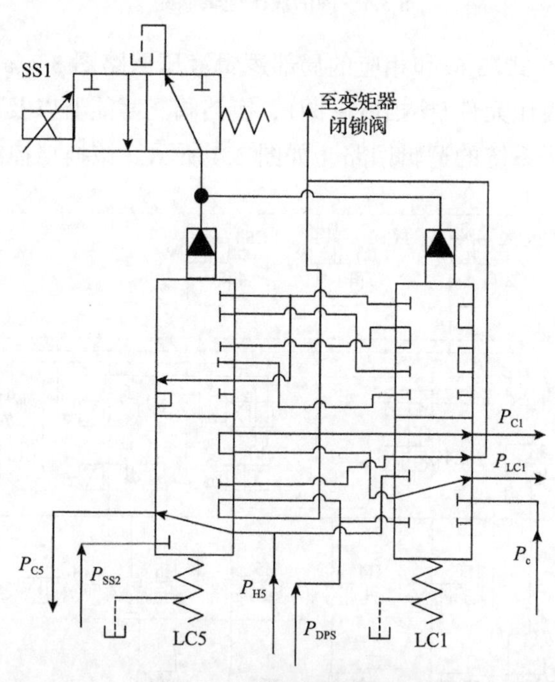

图 3.5　失效互锁液压回路

结合换挡控制液压子系统的逻辑回路和失效互锁液压回路，整理得到重型液力自动变速器换挡控制液压子系统的原理图，如图 3.6 所示。为获得九个挡位的动力输出，由重型液力自动变速器控制单元(transmission control unit, TCU)执行电磁阀通断电的换挡控制逻辑表如表 3.4 所示。在失效互锁保护工况下，当某一电磁阀失效或者出现断电等严重故障时，TCU 将停止所有电磁阀的工作。

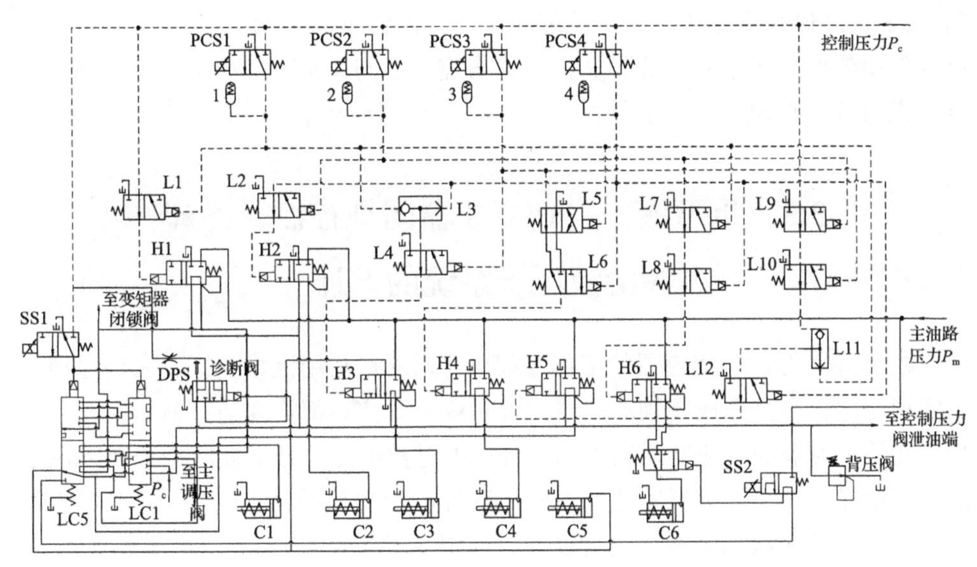

图 3.6　重型液力自动变速器换挡控制液压子系统的原理图

1～4. 蓄能器；PCS1～PCS4. 换挡电磁阀；L1～L12. 逻辑阀；H1～H6. 换挡阀；C1～C6. 离合器；SS1、SS2. 开关电磁阀；LC1、LC5. 锁止阀；DPS. 差压开关

表 3.4　换挡控制逻辑表

挡位	电磁阀						离合器					
	PCS1 (N/C)	PCS2 (N/C)	PCS3 (N/C)	PCS4 (N/C)	SS1 (N/C)	SS2 (N/C)	C1	C2	C3	C4	C5	C6
空挡	△	△	△								●	
倒挡	△	△							●		●	
Ⅰ挡		△			△	△	●					●
Ⅱ挡					△	△	●				●	
Ⅲ挡			△		△		●			●		
Ⅳ挡		△		△	△		●		●			
Ⅴ挡			△	△	△		●	●				
Ⅵ挡	△			△	△			●	●			
Ⅶ挡	△		△	△	△			●		●		

注：△表示电磁阀通电；●表示离合器接合。

在此，以Ⅲ挡为例来说明换挡控制液压子系统的工作过程：Ⅲ挡时换挡电磁阀 PCS3 和开关电磁阀 SS1 通电，控制油压使锁止阀 LC1 与 LC5 工作位处于上端，此时液压系统中的离合器 C1 与 C4 实现接合，使重型液力自动变速器处于Ⅲ挡。而当Ⅲ挡出现电控系统故障时，TCU 停止所有电磁阀工作，锁止阀 LC5 在复位弹簧作用下处于下端工作位，而锁止阀 LC1 通过阀芯上下面积差的作用依旧处于上端工作位，此时离合器 C1 与 C5 完成接合，使重型液力自动变速器的挡位转换为Ⅱ挡。

3.3 重型液力自动变速器闭锁控制及冷却润滑液压子系统的设计

在重型液力自动变速器的工作过程中，无论是利用液力变矩器来传递动力和实现变矩，还是完成闭锁离合器的接合或者分离，都需要通过液压方式来实现。此外，为解决变速器传动工作过程中的过热问题，还需要将液力传动油液进行流动循环，从而完成变速器中各个部件的冷却与润滑。因此，需要对闭锁控制及冷却润滑液压子系统进行设计，如图 3.7 所示。

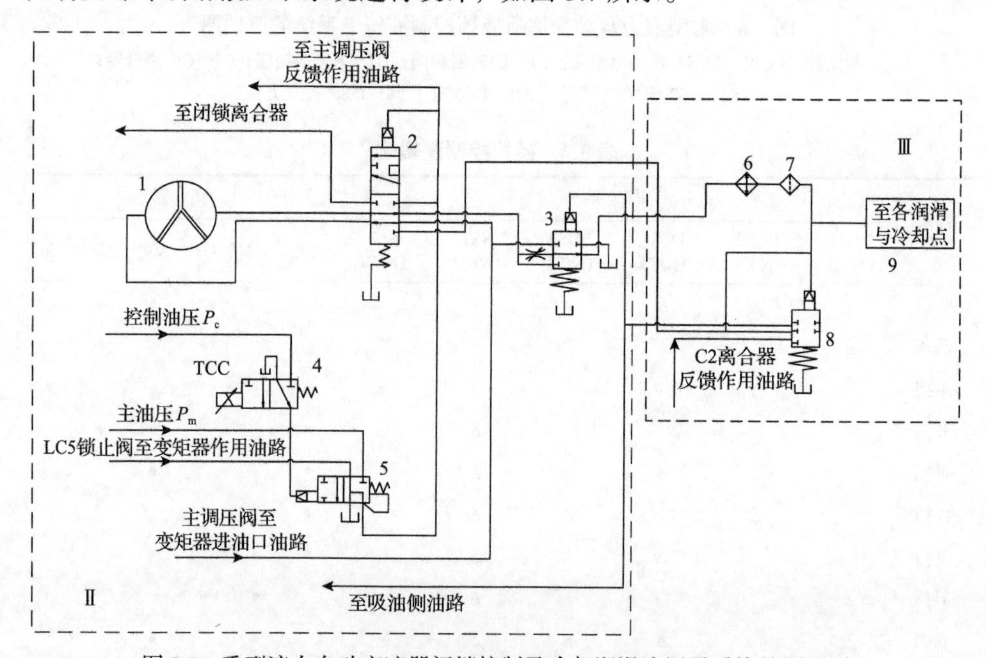

图 3.7　重型液力自动变速器闭锁控制及冷却润滑液压子系统的原理图

1. 液力变矩器；2. 变矩器流量调节阀；3. 变矩器压力调节阀；4. TCC 闭锁电磁阀；5. 变矩器闭锁阀；6. 冷却器；7. 润滑过滤器；8. 润滑油压调节阀；9. 各冷却润滑部件

模块Ⅱ和模块Ⅲ分别为闭锁控制液压子系统和冷却润滑液压子系统，主要由液力变矩器、变矩器流量调节阀、变矩器压力调节阀、TCC 闭锁电磁阀、变矩器闭锁阀、冷却器、润滑过滤器和润滑油压调节阀组成。其工作过程为：在高传动比工况下(倒挡、空挡、Ⅰ挡和Ⅱ挡)，TCC 闭锁电磁阀仅在复位弹簧力作用下工作在右位，此时主油压被液力变矩器闭锁阀截断，变矩器流量调节阀在复位弹簧力作用下处于下端工作位，使流入闭锁离合器的油液被截断，闭锁离合器处于解锁状态。来自主调压液压系统至变矩器的进油油液在变矩器压力调节阀的作用下，经变矩器流量调节阀流入变矩器进油油路，然后从变矩器回油油路流出，再经变矩器流量调节阀进入变矩器压力调节阀，最后油液流入冷却润滑液压系统(模块Ⅰ)的冷却器中，对液力变矩器的工作液体进行强制冷却。经冷却后的工作油液，一路经过滤器流入重型液力自动变速器的各个冷却润滑部件，完成对各个部件的冷却与润滑，另一路通过润滑油压调节阀流入变矩器流量调节阀后被截断。

在低传动比工况下(Ⅲ～Ⅶ挡)，TCC 闭锁电磁阀通电，工作油压使液力变矩器锁止阀工作在左位，主油路油液被接通，此时经过变矩器闭锁阀的主油路油液一路流向变矩器流量调节阀，进而推动其向下移动，使其工作在上端工作位；另一路油液则经变矩器流量调节阀后进入闭锁离合器，完成闭锁离合器的锁止。同时，来自主调压阀至变矩器的进油油路分为两路：一路油液同样直接进入变矩器压力调节阀；另一路油液经变矩器流量调节阀后又分两路进入变矩器压力调节阀，其中一路被变矩器压力调节阀截断，另一路油液经节流阀后流入变矩器压力调节阀，然后流入模块Ⅲ的冷却器中进行冷却，经过冷却的油液再次分两路，一路流向各冷却润滑部件，另一路经冷却润滑压力调节阀流向变矩器流量调节阀，最后流入液力变矩器，但从液力变矩器流出的油液不再流向冷却器，而是通过变矩器流量调节阀阀体上端中带孔的中心通道流入油底壳中。

3.4　重型液力自动变速器主调压液压子系统的设计

为了使上述执行元件实现预期动作要求，系统需将压力输送给各液压执行元件。若由液压泵直接提供给各液压执行元件，则很难直接满足不同挡位工况下的特定传动需求，同时为了降低能量的损耗，应通过相应的流量与压力调节阀对最初由液压泵直接输入的液压进行调节变换，以满足执行元件在不同挡位工况下的压力与流量的特定需求。为此，根据各挡位工况下的压力与流量调控需求所设计的主调压液压子系统如图 3.8 所示。

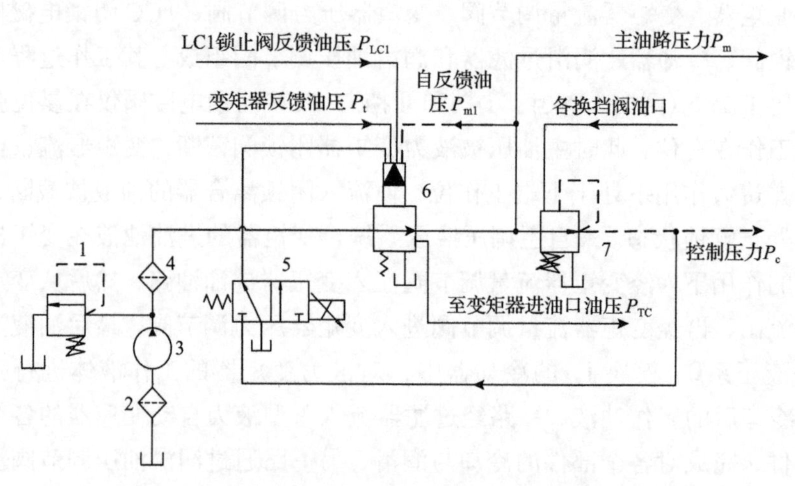

图 3.8　重型液力自动变速器主调压液压子系统的原理图

1. 安全阀；2. 进油滤清器；3. 液压泵；4. 主过滤器；5. 主模式电磁阀；
6. 主调压阀；7. 控制压力调节阀

此主调压液压子系统主要由液压泵、安全阀、主模式电磁阀、主调压阀和控制压力调节阀组成。该系统的工作原理为：液压泵为系统提供压力源，在不同挡位工况下主调压阀根据各级反馈作用油压进行调定，提供给各液压模块所需要的主油路压力 P_m、闭锁控制及冷却润滑液压系统所需要的油压 P_{TC}；控制压力调节阀将主油压二次降压为控制压力 P_c。

综上所述，本节对重型液力自动变速器液压系统的换挡控制液压子系统、闭锁控制及冷却润滑液压子系统以及主调压液压子系统进行了全面设计，将此三个液压子系统的原理图进行整合，可得到重型液力自动变速器液压系统的原理图，如图 3.9 所示。

图 3.9 中，主调压液压子系统为整个液压系统提供油源，并根据不同工况下的反馈油压进行自我调节；闭锁控制及冷却润滑液压子系统的主要功用一方面是完成闭锁离合器的闭锁或解锁，另一方面是完成运动元件的冷却与润滑，进而提高整个变速器各个方面的工作性能；换挡控制液压子系统作为重型液力自动变速器的最终换挡执行模块，其功用是根据行驶工况和驾驶人员的操作意图，按照所设定换挡规则由 TCU 执行电磁阀的通断电，完成最终的挡位切换，它对换挡品质和变速器的使用寿命有直接影响。

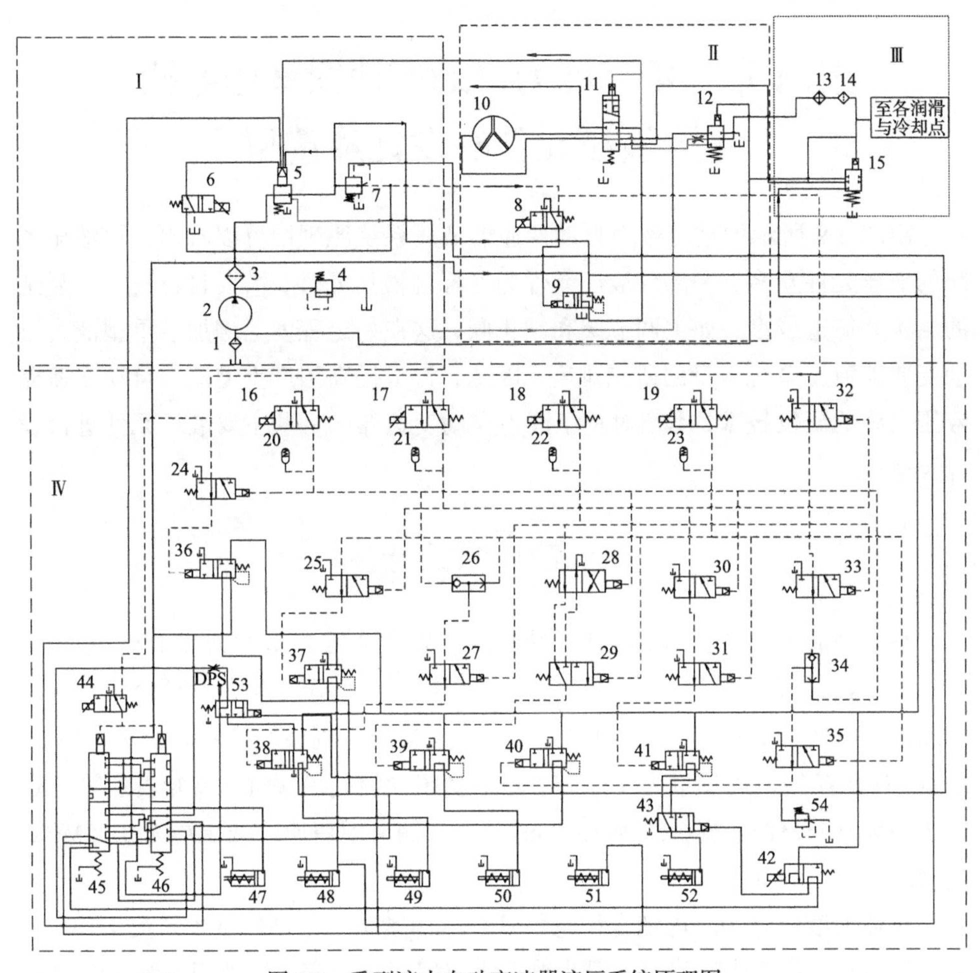

图3.9　重型液力自动变速器液压系统原理图

Ⅰ. 主调压液压子系统；Ⅱ、Ⅲ. 闭锁控制及冷却润滑液压子系统；Ⅳ. 换挡控制液压子系统；
1. 进油滤清器；2. 液压泵；3. 主过滤器；4. 安全阀；5. 主调压阀；6. 主模式电磁阀；
7. 控制压力调节阀；8. TCC闭锁电磁阀；9. 变矩器闭锁阀；10. 液力变矩器；11. 变矩器流量调节阀；
12. 变矩器压力调节阀；13. 冷却器；14. 润滑过滤器；15. 润滑油压调节阀；16～19. 换挡电磁阀；
20～23. 蓄能器；24～35. L1～L12逻辑阀；36～41. H1～H6换挡阀；42. SS2开关电磁阀；
43. 低速辅助锁止阀；44. SS1开关电磁阀；45. LC5锁止阀；46. LC1锁止阀；
47～52. C1～C6离合器；53. 诊断阀；54. 背压阀

第 4 章　重型液力自动变速器液压系统主要液压元件的设计及选型

由图 3.9 所示的重型液力自动变速器液压系统原理图可以看出，该液压系统的液压元件众多，一部分液压元件为非标准液压元件，需要自行设计其复杂的结构并铸造成型，如主调节阀和锁止阀，这在一定程度上增加了重型液力自动变速器液压系统本身的研制难度。因此，为了提高国产重型液力自动变速器液压系统的研发技术，本章对重型液力自动变速器的一些主要液压元件进行设计及选型。

4.1　液压泵的选型

某重型液力自动变速器液压系统的最高安全油压 P_{max} 约为 4MPa，系统最高流量 $\sum Q_{max}$ 约为 18L/min；主调压液压系统模块的主油压会根据不同的挡位工况进行自适应调控，范围在 0.7～2.1MPa；换挡控制模块控制油压在 1.1MPa 左右，执行换挡所需流量为 4～12L/min；经闭锁控制模块进入变矩器所需稳定油压约为 0.75MPa，流量约为 15L/min；冷却润滑模块所需油压约为 0.15MPa，流量约为 16L/min。

在各类液压泵中，内啮合齿轮泵具有结构紧凑、零件数量少、流量均匀、使用寿命长、噪声小等优点，因此被广泛应用于自动变速器液压系统中[83]。重型液力自动变速器液压系统中液压泵所用的内啮合齿轮泵安装于变矩器后端，并由泵轮直接驱动。

考虑液压系统存在的油液泄漏以及压力损失，液压泵应满足系统的最高油压 P_B 和最大流量 Q_{VB} 的需求[84]，即

$$\begin{cases} P_B \geqslant P_{max} + \sum \Delta P = 5.2\text{MPa} \\ Q_{VB} \geqslant K_q \sum Q_{max} = 1.1 \times 18 = 19.8\text{L/min} \end{cases} \tag{4.1}$$

重型液力自动变速器液压系统的印刷油路错综复杂，在此取 $\sum \Delta P =$

1.2MPa，流量系数取 K_q =1.1（大流量取小值）。

根据上述计算，查阅液压泵的产品参数，选取型号为 NB3-D20F 的内啮合齿轮泵，性能参数如表 4.1 所示。

表 4.1　液压泵性能参数

型号	最高工作压力 P_{pmax}/MPa	每转排量 V/(mL/r)	额定转速 n/(r/min)
NB3-D20F	12.5	20	1500

4.2　主调压阀的设计

主调压阀是液压系统进行自动调控的核心元件(图4.1)，它将来自液压泵的油压调控为主油路压力P_m，并根据各级反馈油压自适应调控。根据系统最高安全油压 P_{max} 为 4MPa、系统最高流量 $\sum Q_{max}$ 为 18L/min 以及系统印刷油路的结构布局要求对主调压阀进行设计[85]，如表 4.2 所示。考虑到主调压阀的工况，选用圆柱螺旋弹簧，并按第Ⅱ类弹簧来考虑，弹簧的材料选为碳素弹簧钢丝。根据《圆柱螺旋弹簧尺寸系列》(GB/T 1358—2009)[86]，初选弹簧丝直径 d_{t1} 为 3mm，弹簧中径 D_{t2} 为 20mm。经主调压阀弹簧的稳定性验算，该弹簧两端固定，并加装导杆。为了减小卡紧力，结合布局要求，开主调压阀阀芯环形均压

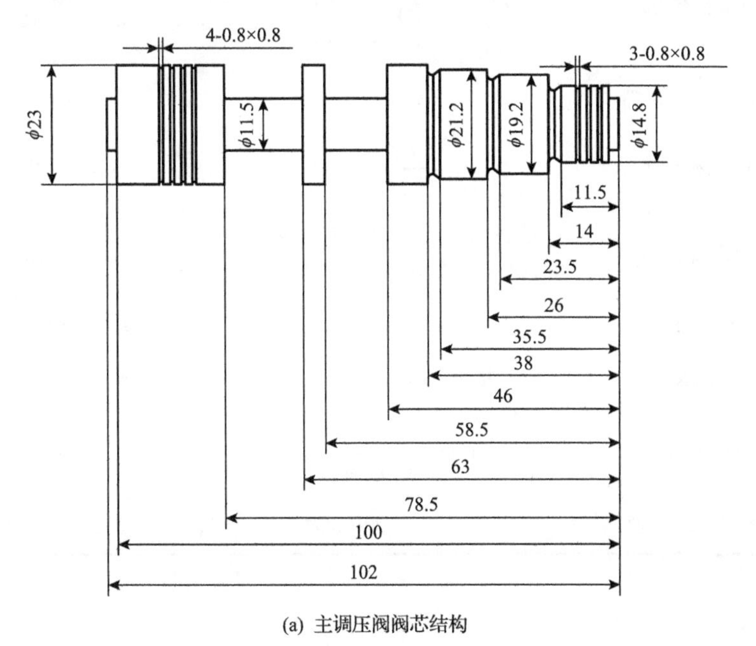

(a) 主调压阀阀芯结构

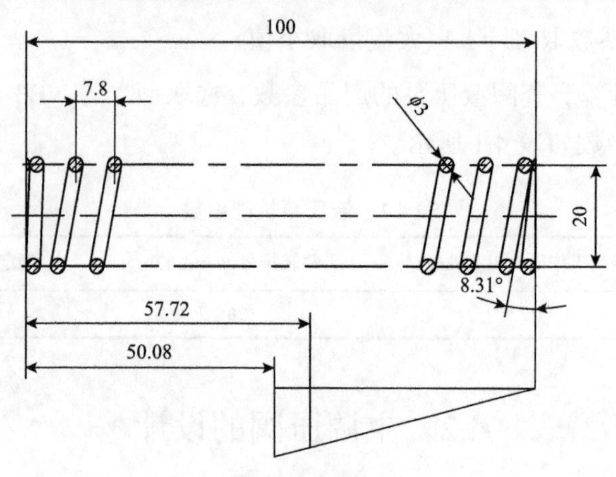

(b) 主调压阀弹簧

图 4.1　主调压阀的阀芯结构和弹簧(单位：mm)

表 4.2　主调压阀的几何结构参数及弹簧参数确定

	结构参数	计算公式	参数值
主要几何结构	小径 d 与大径 D	$D \geqslant 2.2\sqrt{Q_{\max}}$	$d = 11.5\text{mm}$, $D = 23\text{mm}$
	最大开度 $x_{\max}$	$x_{\max} \leqslant 0.19D$	$x_{\max} = 4.3\text{mm}$
弹簧	弹簧丝直径 d_y	$d_y \geqslant 1.6\sqrt{\dfrac{F_{\text{mmin}}CK}{[\tau]}}$，其中 $F_{\text{mmin}} = K_m \times x_{m0} = 350.5\text{N}$	$x_{m0} = 42.28\text{mm}$，$K_m = 8.29\text{N/mm}$；$d_y \geqslant 2.9\text{mm}$。所选弹簧满足要求
	弹簧的旋绕比 C_{t1}	$C_{t1} = D_{t2} / d_{t1}$	$C_{t1} = 6.67$
	弹簧有效圈数 n_0	$n_0 = \dfrac{Gd_{t1}}{8C_{t1}^3 K_m}$	$n_0 \approx 12.5$ 圈
	弹簧总圈数 n_T	考虑弹簧两端并紧磨平，要求圈数尾数为 1/2，则 $n_T = n_0 + (2 \sim 2.5)$	$n_T = 14.5$ 圈
	自由节距 b_{m1}	$b_{m1} = (0.28 \sim 0.5)D_{t2}$	$b_{m1} = 7.8\text{mm}$
	自由高度 H_0	$H_0 = n_0 b_{m1} + 1.5\,d_{t1}$	$H_0 = 102\text{mm}$，取 $H_0 = 100\text{mm}$
	弹簧螺旋升角 α	$\alpha = \arctan\left[\dfrac{b_{m1}}{\pi(D_{t2} - d_{t1})}\right]$	$\alpha = 5.94°$
	弹簧稳定性验算	细长比为：$b = H_0 / D_{t2} = 5 < 5.3$	

槽 7 条，环形均压槽深度 g_h 为 0.8mm，环形均压槽宽度 g_w 为 0.8mm。G 为弹簧材质的切变模量，当 $0.5<d_{t1}<4$ 时，G 取 8.0×10^4～8.3×10^4N/mm²，在此取 8.2×10^4N/mm²。

4.3　控制压力调节阀的设计

为降低主油路油压并滤除油压峰值及其波动，进而为各电磁阀提供稳定油压，需要对控制压力调节阀(图4.2)进行设计计算。控制压力调节阀的几何结构参数及弹簧参数确定如表 4.3 所示，其阀芯和弹簧结构如图 4.2 所示。根据设计要求，换挡控制液压系统中控制油压 P_{cmax} 约为 1.1MPa，经主调压液压系统提供给控制压力调节阀的最大流量取 Q_{cmax} 为 12L / min。结合控制压力调节阀的工作特性及其结构布局要求，其阀芯采用阶梯式滑阀，弹簧选用圆柱螺旋弹簧，并按第Ⅱ类弹簧来考虑，材质选用碳素弹簧钢丝，初选弹簧丝直径 d_{ct1} 为 1.8mm，弹簧中径 D_{ct2} 为 14mm。经控制压力调节阀的弹簧稳定性验算，该弹簧两端固定，并加装导杆。为了减小卡紧力，结合布局要求开控制压力调节阀阀芯环形均压槽 3 条，环形均压槽深度 g_{ch}=0.5mm，环形均压槽宽度 g_{cw}=0.5mm，弹簧材质的切变模量 G 取 8.2×10^4N/mm²。

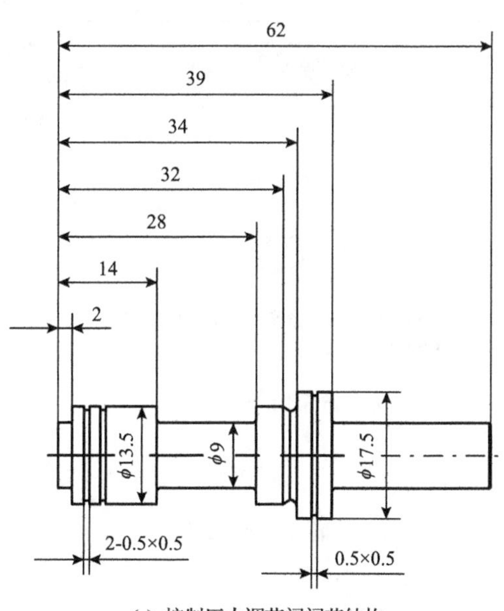

(a) 控制压力调节阀阀芯结构

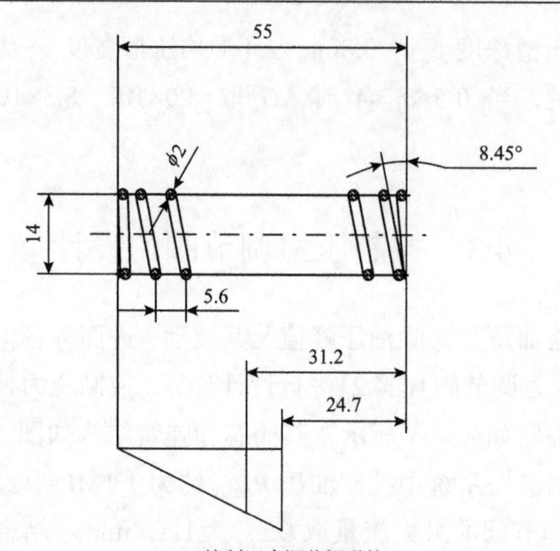

(b) 控制压力调节阀弹簧

图 4.2　控制压力调节阀的阀芯结构和弹簧(单位：mm)

表 4.3　控制压力调节阀的几何结构参数及弹簧参数确定

	结构参数	计算公式	参数值
主要几何结构	小径 d_c 与大径 D_c	$D_c \geqslant 2.2\sqrt{Q_{cmax}}$	$d_c = 9\text{mm}$ ，$D_c = 13.5\text{mm}$
	最大开度 x_{cmax}	$x_{cmax} \leqslant 0.19D_c$	$x_{cmax} = 2.5\text{mm}$
弹簧	弹簧丝直径 d_{cy}	$d_{cy} \geqslant 1.6\sqrt{\dfrac{F_{cmin}CK}{[\tau]}}$ ，其中 $F_{cmin} = K_c \times x_{c0} = 151.61\text{N}$	$x_{c0} = 23.8\text{mm}$ ，$K_c = 6.37\text{N/mm}$ ；$d_{cy} \geqslant 1.9\text{mm}$ 。为此，改选弹簧丝直径 $d_{ct1} = 2\text{mm}$ ，弹簧中径 $D_{ct2} = 14\text{mm}$
	弹簧的旋绕比 C_{ct1}	$C_{ct1} = D_{ct2} / d_{ct1}$	$C_{ct1} = 7$
	弹簧有效圈数 n_{c0}	$n_{c0} = \dfrac{Gd_{ct1}}{8C_{ct1}^3 K_c}$	$n_{c0} \approx 9$ 圈
	弹簧总圈数 n_c	考虑弹簧两端并紧磨平，要求圈数尾数为 1/2，则 $n_c = n_{c0} + (2 \sim 2.5)$	$n_c = 11.5$ 圈
	自由节距 b_{c1}	$b_{c1} = (0.28 \sim 0.5)D_{ct2}$	$b_{c1} = 5.6\text{mm}$
	自由高度 H_{c0}	$H_{c0} = n_{c0}b_{c1} + 1.5\,d_{ct1}$	$H_{c0} = 53.4\text{mm}$ ，取 $H_{c0} = 55\text{mm}$
	弹簧螺旋升角 α	$\alpha = \arctan\left[\dfrac{b_{c1}}{\pi(D_{ct2} - d_{ct1})}\right]$	$\alpha = 8.45°$
	弹簧稳定性验算	细长比为：$b = H_{c0} / D_{ct2} = 3.9 < 5.3$	

4.4　变矩器压力调节阀的设计

为保证液力变矩器正常工作，需要变矩器压力调节阀（图4.3）来维持变矩器油路油压的稳定。根据设计要求，变矩器油路油压要求 P_{Tmax} 约为 0.75MPa，

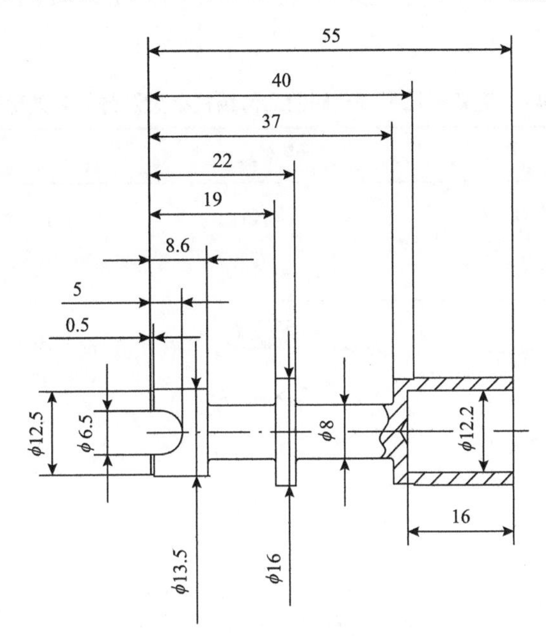

(a) 变矩器压力调节阀阀芯结构

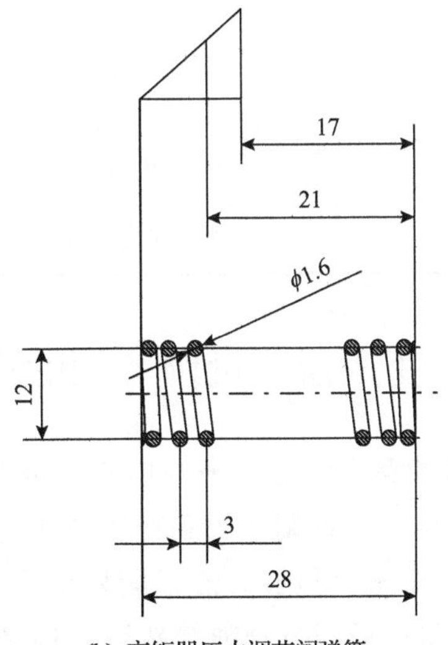

(b) 变矩器压力调节阀弹簧

图 4.3　变矩器压力调节阀的阀芯结构和弹簧(单位：mm)

最大流量 Q_{Tmax} 约为 $15\mathrm{L/min}$；变矩器压力调节阀的弹簧选用圆柱螺旋弹簧，按第Ⅱ类弹簧来考虑，材质选用碳素弹簧钢丝。初选弹簧丝直径 d_{Tt1} 为 $1.6\mathrm{mm}$，弹簧中径 D_{Tt2} 为 $12\mathrm{mm}$。据此对重型液力自动变速器液压系统原理图中的变矩器压力调节阀进行设计计算，如表 4.4 所示。经变矩器压力调节阀的弹簧稳定性验算，该弹簧两端固定，并加装导杆。弹簧材质的切变模量 G 取 $8.2\times10^4\mathrm{N/mm^2}$。

表 4.4　变矩器压力调节阀的几何结构参数及弹簧参数确定

	结构参数	计算公式	参数值
主要几何结构	小径 d_{T} 与大径 D_{T}	$D_{\mathrm{T}}\geqslant 2.2\sqrt{Q_{\mathrm{Tmax}}}$	$d_{\mathrm{T}}=8\mathrm{mm}$，$D_{\mathrm{T}}=16\mathrm{mm}$
	最大开度 x_{Tmax}	$x_{\mathrm{Tmax}}\leqslant 0.19D_{\mathrm{T}}$	$x_{\mathrm{Tmax}}=3.0\mathrm{mm}$
弹簧	弹簧丝直径 d_{Ty}	$d_{\mathrm{Ty}}\geqslant 1.6\sqrt{\dfrac{F_{\mathrm{Tmin}}CK}{[\tau]}}$，其中 $F_{\mathrm{Tmin}}=K_{\mathrm{Td}}\times x_{\mathrm{T0}}=43.12\mathrm{N}$	$x_{\mathrm{T0}}=8.8\mathrm{mm}$，$K_{\mathrm{Td}}=4.9\mathrm{N/mm}$；$d_{\mathrm{Ty}}\geqslant 1\mathrm{mm}$。所选弹簧满足要求
	弹簧的旋绕比 C_{T1}	$C_{\mathrm{T1}}=D_{\mathrm{Tt2}}/d_{\mathrm{Tt1}}$	$C_{\mathrm{T1}}=7.5$
	弹簧有效圈数 n_{T0}	$n_{\mathrm{T0}}=\dfrac{Gd_{\mathrm{Tt1}}}{8C_{\mathrm{T1}}^3K_{\mathrm{Td}}}$	$n_{\mathrm{T0}}\approx 8$ 圈
	弹簧总圈数 n_{T}	考虑弹簧两端并紧磨平，要求圈数尾数为 1/2，则 $n_{\mathrm{T}}=n_{\mathrm{T0}}+(2\sim2.5)$	$n_{\mathrm{T}}=10.5$ 圈
	自由节距 b_{T1}	$b_{\mathrm{T1}}=(0.28\sim0.5)D_{\mathrm{Tt2}}$	$b_{\mathrm{T1}}=4\mathrm{mm}$
	自由高度 H_{T0}	$H_{\mathrm{T0}}=n_{\mathrm{T0}}b_{\mathrm{T1}}+1.5\,d_{\mathrm{Tt1}}$	$H_{\mathrm{T0}}=34.4\mathrm{mm}$，取 $H_{\mathrm{T0}}=35\mathrm{mm}$
	弹簧螺旋升角 α	$\alpha=\arctan\left[\dfrac{b_{\mathrm{T1}}}{\pi(D_{\mathrm{Tt2}}-d_{\mathrm{Tt1}})}\right]$	$\alpha=6.98°$
	弹簧稳定性验算	细长比为：$b=H_{\mathrm{T0}}/D_{\mathrm{Tt2}}=2.9<5.3$	

4.5　变矩器流量调节阀的设计

闭锁控制及冷却润滑油路中需要一个变矩器流量调节阀（图 4.4）对进出变矩器的油液进行调控，变矩器流量调节阀和变矩器压力调节阀均处于变矩器闭锁控制模块中，其最大工作压力与最大流量同样应满足：$P_{\mathrm{TFmax}}=0.75\mathrm{MPa}$，$Q_{\mathrm{TFmax}}\approx 15\mathrm{L/min}$；变矩器流量调节阀弹簧选用圆柱螺旋弹簧，按第Ⅱ类弹簧来考虑，材质选用碳素弹簧钢丝。初选弹簧丝直径 d_{TFt1} 为 $1.4\mathrm{mm}$，弹簧中径

D_{TFt2} 为 12mm。据此对变矩器流量调节阀进行设计计算，如表 4.5 所示。经变矩器流量调节阀的弹簧稳定性验算，该弹簧两端固定，并加装导杆。为减小卡紧力，结合布局要求开变矩器流量调节阀阀芯环形均压槽 6 条，环形均压槽深度 g_{Th} 为 0.5mm，环形均压槽宽度 g_{Tw} 为 0.8mm；弹簧材质的切变模量 G 取 8.2×10^4N/mm^2。

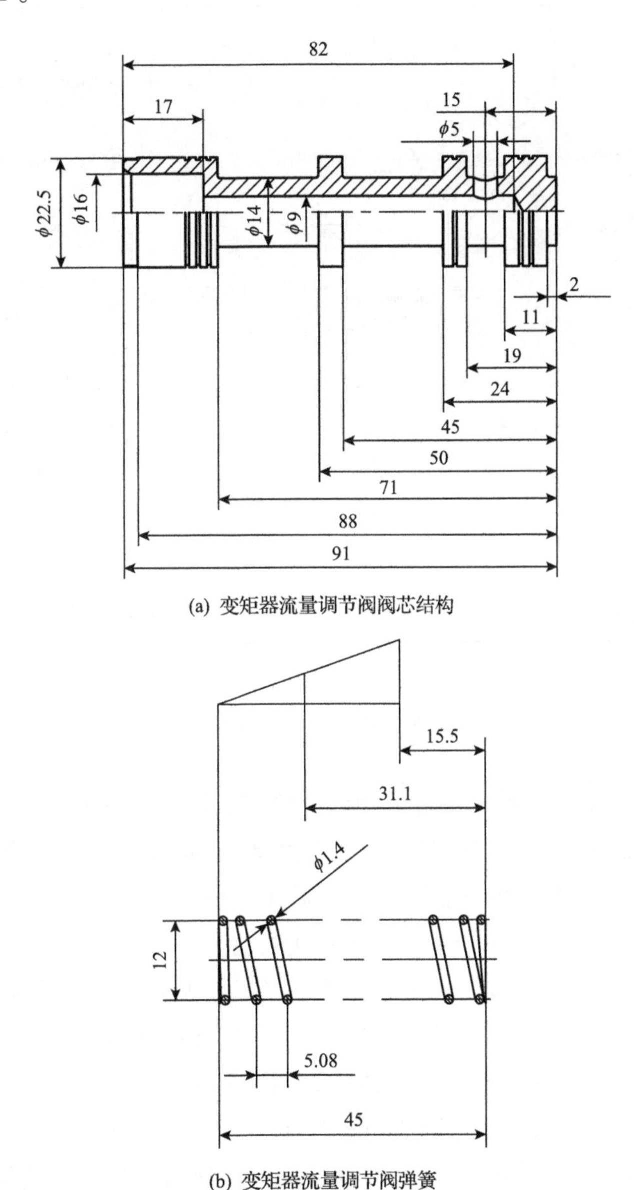

(a) 变矩器流量调节阀阀芯结构

(b) 变矩器流量调节阀弹簧

图 4.4　变矩器流量调节阀的阀芯结构和弹簧(单位：mm)

表 4.5　变矩器流量调节阀的几何结构参数及弹簧参数确定

	结构参数	计算公式	参数值
主要几何结构	小径 d_{TF} 与大径 D_{TF}	$D_{TF} \geqslant 2.2\sqrt{Q_{TFmax}}$	$d_{TF}=14mm$，$D_{TF}=22.5mm$
	最大开度 x_{TFmax}	$x_{TFmax} \leqslant 0.19D_{TF}$	$x_{TFmax}=4.2mm$
弹簧	弹簧丝直径 d_{TFy}	$d_{Ty} \geqslant 1.6\sqrt{\frac{F_{TFmin}CK}{[\tau]}}$，其中取 $F_{TFmin}=K_{TF}\times x_{TF0}=30.6N$	$x_{TF0}=13.9mm$，$K_{TF}=2.2N/mm$；$d_{TFy} \geqslant 0.9mm$。所选弹簧满足要求
	弹簧的旋绕比 C_{TF}	$C_{TF}=D_{TFt2}/d_{TFt1}$	$C_{TF}=8.6$
	弹簧有效圈数 n_{TF0}	$n_{TF0}=\frac{Gd_{TFt1}}{8C_{TF}^3K_{TF}}$	$n_{TF0}\approx 10$ 圈
	弹簧总圈数 n_{TF}	考虑弹簧两端并紧磨平，要求圈数尾数为 1/2，则 $n_{TF}=n_{TF0}+(2\sim 2.5)$	$n_{TF}=12.5$ 圈
	自由节距 b_{TF1}	$b_{TF1}=(0.28\sim 0.5)D_{TFt2}$	$b_{TF1}=4.2mm$
	自由高度 H_{TF0}	$H_{TF0}=n_{TF0}b_{TF1}+1.5\,d_{TFt1}$	$H_{TF0}=44.1mm$，根据 GB/T 1358—2009 推荐取 $H_{TF0}=45mm$
	弹簧螺旋升角 α	$\alpha=\arctan\left[\frac{b_{TF1}}{\pi(D_{TFt2}-d_{TFt1})}\right]$	$\alpha=7.2°$
	弹簧稳定性验算	细长比为：$b=H_{TF0}/D_{TFt2}=3.75<5.3$	

4.6　润滑压力调节阀的设计

为完成变速箱中机械零部件的润滑和冷却，以保护它们免受磨损和锈蚀，避免过热而导致的失效。这就需要润滑压力调节阀(图 4.5)来保证润滑油路的油压，根据设计要求，润滑液压模块所需工作油压 P_{Lmax} 约为 0.15MPa，最大工作流量 Q_{Lmax} 约为 16L/min；弹簧选用圆柱螺旋弹簧，按第Ⅱ类弹簧来考虑，材质选用碳素弹簧钢丝。初选弹簧丝直径 d_{Lt1} 为 1.2mm，弹簧中径 D_{Lt2} 为 10mm。润滑压力调节阀的几何结构及弹簧参数计算过程如表 4.6 所示。经润滑压力调节阀弹簧的稳定性验算，该弹簧两端固定，并加装导杆。为减小卡紧力，结合布局要求开润滑压力调节阀阀芯环形均压槽 5 条，环形均压槽深度 g_{Lh} 为 0.5mm，环形均压槽宽度 g_{Lw} 为 0.8mm；弹簧材质的切变模量 G 取 $8.2\times 10^4 N/mm^2$。

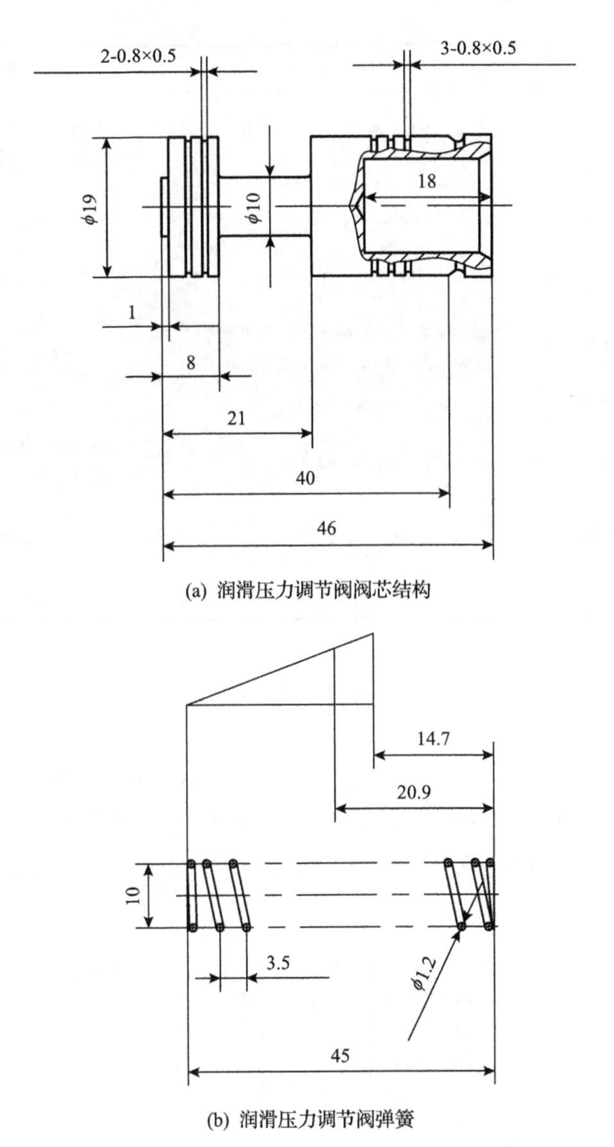

(a) 润滑压力调节阀阀芯结构

(b) 润滑压力调节阀弹簧

图 4.5　润滑压力调节阀的阀芯结构和弹簧(单位：mm)

表 4.6　润滑压力调节阀的几何结构及弹簧参数确定

结构参数		计算公式	参数值
主要几何结构	小径 d_L 大径 D_L	$D_L \geqslant 2.2\sqrt{Q_{Lmax}}$	$d_L = 10mm$ ， $D_L = 19mm$
	最大开度 x_{Lmax}	$x_{Lmax} \leqslant 0.19D_L$	$x_{Lmax} = 3.6mm$

续表

	结构参数	计算公式	参数值
弹簧	弹簧丝直径 d_{Ly}	$d_{Ly} \geqslant 1.6\sqrt{\frac{F_{Lmin}CK}{[\tau]}}$，其中 $F_{Lmin} = K_{Ld} \times x_{L0}$ =42.42N	$x_{L0} = 24.1\text{mm}$，$K_{Ld} = 1.76\text{N/mm}$；$d_{Ly} \geqslant 0.95\text{mm}$。所选弹簧满足要求
	弹簧的旋绕比 C_{L1}	$C_{L1} = D_{Lt2} / d_{Lt1}$	$C_{L1} = 8.3$
	弹簧有效圈数 n_{L0}	$n_{L0} = \frac{Gd_{Lt1}}{8C_{L1}^3 K_{Ld}}$	$n_{L0} = 12$ 圈
	弹簧总圈数 n_T	考虑弹簧两端并紧磨平，要求圈数尾数为 1/2，则 $n_T = n_{T0} + (2 \sim 2.5)$	$n_T = 14.5$ 圈
	自由节距 b_{L1}	$b_{L1} = (0.28 \sim 0.5)D_{Lt2}$	$b_{L1} = 3.5\text{mm}$
	自由高度 H_{L0}	$H_{L0} = n_{L0}b_{L1} + 1.5\, d_{Lt1}$	$H_{L0} = 43.8\text{mm}$，根据 GB/T 1358—2009 推荐，取 $H_{L0} = 45\text{mm}$
	弹簧螺旋升角 α	$\alpha = \arctan\left[\frac{b_{L1}}{\pi(D_{Lt2} - d_{Lt1})}\right]$	$\alpha = 7.2°$
	弹簧稳定性验算	细长比为：$b = H_{L0} / D_{Lt2} = 4.5 < 5.3$	

4.7 换挡阀的设计

由液压系统的工作特性可知，流经换挡阀(图 4.6)的油液为主调压阀调控后提供。因此，换挡阀的设计要求同主调压阀，即最大工作压力 $P_{hmax} = P_{max} = 4\text{MPa}$，通过换挡阀的最大流量 $Q_{hmax} = \sum Q_{max} = 18\text{L/min}$。换挡阀的结

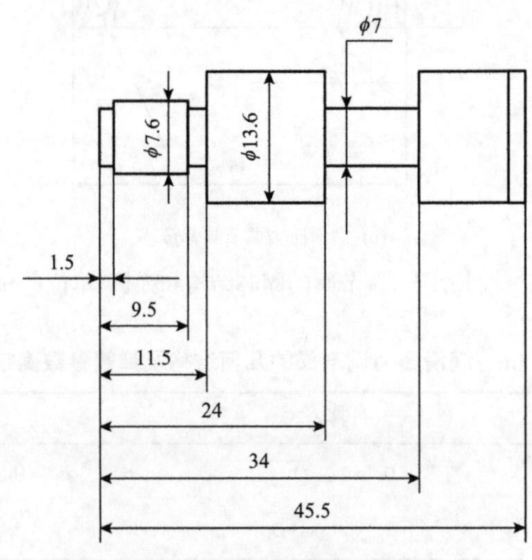

图 4.6 换挡阀的几何结构(单位：mm)

构参数如表 4.7 所示。

表 4.7　换挡阀的结构参数

结构参数	计算公式	参数值
小径 d_{h1} 与大径 D_{h1}	$D_{h1} \geqslant 2.2\sqrt{Q_{hmax}}$	$d_{h1} = 7mm$ ， $D_{h1} = 13.6mm$
最大开度 x_{hmax}	$x_{hmax} \leqslant 0.19D_{h1}$	$x_{hmax} = 2.58mm$

换挡阀阀芯的最大位移量 y_{hmax} 为

$$y_{hmax} = x_{max} + l_{fh}$$

其中，

$$l_{fh} \geqslant 0.654\frac{D_{h1}\delta^3 P_{hmax}}{\mu q_{nx}}$$

式中，l_{fh} ——封油长；

δ ——相应阀芯与阀体配合间隙，取 $\delta = 0.01mm$ ；

μ ——液传动油动力黏度， $\mu = 1.22\times10^{-2}\,Pa\cdot s$ ；

q_{nx} ——允许内泄量，结合加工工艺水平，一般取 $q_{nx} = 0.01Q_{max}$ 。

由于计算得 $l_{fh} \geqslant 1.79mm$ ，可取 $l_{fh} = 2mm$ ，因此可得 $y_{hmax} = 4.58mm$ 。

换挡过程中，换挡阀阀芯所承受的力有复位弹簧力 F_h 、卡紧力 F_{hk} 、稳态液动力 F_{hw} 以及油液在各腔室建立的液压力。为此，可建立换挡阀阀芯力平衡方程为

$$P_c S_{h1} - P_m S_{h2} = K_h y_{hmax} + F_{hk} + F_{hw}$$

其中，

$$S_{h1} = \frac{\pi}{4}D_{h1}^2,\quad S_{h2} = \frac{\pi}{4}d_{h1}^2$$

$$F_{hk} = 7N,\quad F_{hw} = 0.96N$$

由此可得 $K_h = 11.2N$ 。

4.8　锁止阀的设计

锁止阀 LC1(图 4.7)与锁止阀 LC5(图 4.8)均处于液压系统中的换挡控制模块中，其设计要求同换挡阀的设计要求。根据此要求，锁止阀 LC1 和锁止阀 LC5 的结构参数分别如表 4.8 和表 4.9 所示。为减小卡紧力，开锁止阀 LC1 环形均压槽 13 条， 环形均压槽深度 g_{Lh1} 为 0.5mm ，环形均压槽宽度 g_{Lw1} 为

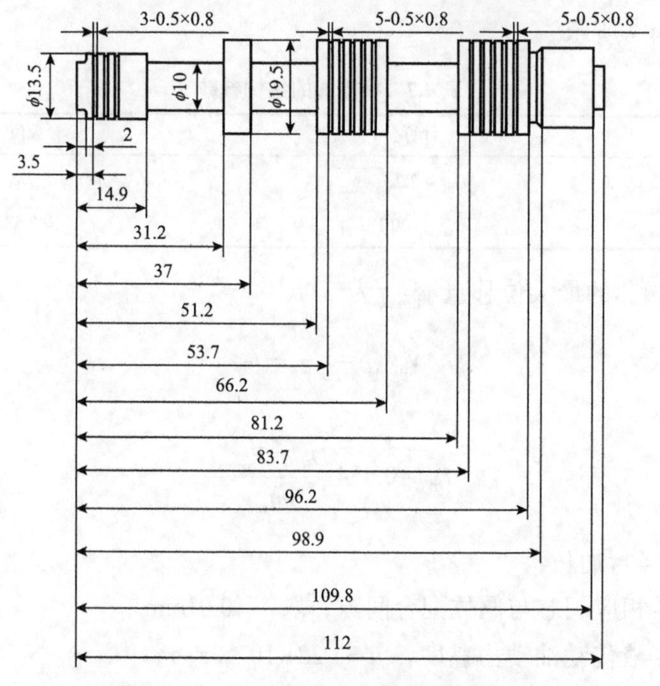

图 4.7 锁止阀 LC1 的几何结构(单位：mm)

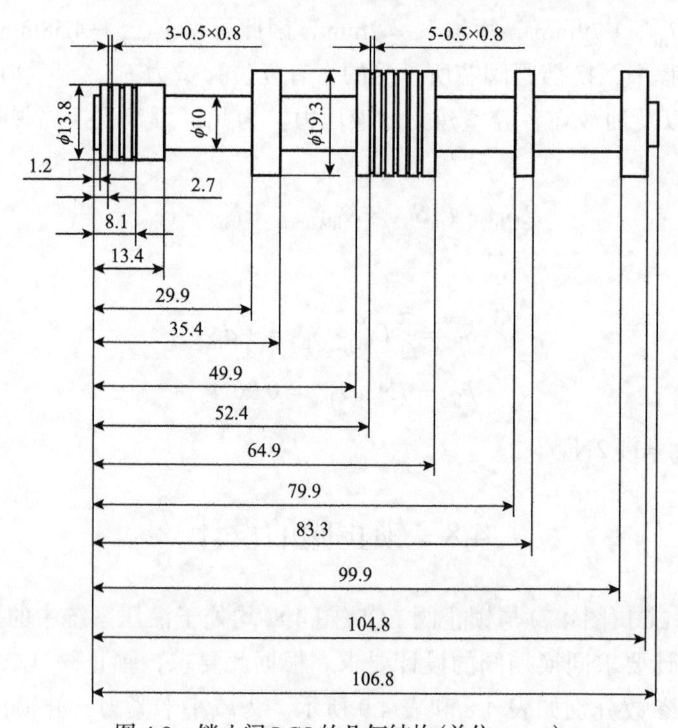

图 4.8 锁止阀 LC5 的几何结构(单位：mm)

0.8mm。锁止阀 LC1 最大位移量 y_{LC1max} 为

$$y_{\mathrm{LC1max}} = x_{\mathrm{LC1max}} + L_{\mathrm{1fh}}$$

其中，

$$L_{\mathrm{1fh}} = l_{\mathrm{1fh}} + 5g_{\mathrm{Lw1}}$$

$$l_{\mathrm{1fh}} \geqslant \frac{2.5\pi D_{\mathrm{L1}}\delta^3 P_{\mathrm{hmax}}}{12\mu[q_{\mathrm{nx}}]}$$

式中，l_{1fh}——封油长，取 $l_{\mathrm{1fh}} = 3.3\mathrm{mm}$；

L_{1fh}——有效封油长，取 $L_{\mathrm{1fh}} = 7.3\mathrm{mm}$；

δ——相应阀芯与阀体配合间隙，取 $\delta = 0.011\mathrm{mm}$；

μ——液传动油动力黏度，$\mu = 1.22\times10^{-2}\,\mathrm{Pa\cdot s}$；

q_{nx}——允许内泄量，结合加工工艺水平，一般取 $q_{\mathrm{nx}} = 0.01Q_{\max}$。

计算可得 $y_{\mathrm{LC1max}} = 10.9\mathrm{mm}$。

锁止阀 LC1 阀芯运动过程中承受的力有弹簧力、运动阻力 F_{v1}、卡紧力 F_{a1}、稳态液动力 F_{w1} 以及油液在各腔室建立的液压力。为此，可建立锁止阀阀芯力平衡方程为

$$\frac{\pi}{4}d_{\mathrm{LC1}}^2 P_{\mathrm{C1}} + P_{\mathrm{m}}S_1 - F_{\mathrm{k1}} = K_1 x_{\mathrm{s1}} + F_{\mathrm{v1}} + F_{\mathrm{w1}} + F_{\mathrm{a1}}$$

计算可得 $K_1 = 12.8\mathrm{N/mm}$。

表 4.8　锁止阀 LC1 的结构参数

结构参数	计算公式	参数值
小径 d_{LC1} 与大径 D_{LC1}	$D_{\mathrm{LC1}} \geqslant 2.2\sqrt{Q_{\mathrm{hmax}}}$	$d_{\mathrm{LC1}} = 10\mathrm{mm}$，$D_{\mathrm{LC1}} = 19.5\mathrm{mm}$
最大开度 x_{LC1max}	$x_{\mathrm{LC1max}} \leqslant 0.19D_{\mathrm{LC1}}$	$x_{\mathrm{LC1max}} = 3.6\mathrm{mm}$

表 4.9　锁止阀 LC5 的结构参数

结构参数	计算公式	参数值
小径 d_{LC5} 与大径 D_{LC5}	$D_{\mathrm{LC5}} \geqslant 2.2\sqrt{Q_{\mathrm{hmax}}}$	$d_{\mathrm{LC5}} = 10\mathrm{mm}$，$D_{\mathrm{LC5}} = 19.3\mathrm{mm}$
最大开度 x_{LC5max}	$x_{\mathrm{LC5max}} \leqslant 0.19D_{\mathrm{LC5}}$	$x_{\mathrm{LC5max}} = 3.4\mathrm{mm}$

为减小卡紧力，结合布局要求，开锁止阀 LC5 环形均压槽 8 条，环形均压槽深度 g_{Lh5} 为 0.5mm，环形均压槽宽度 g_{Lw5} 为 0.8mm。锁止阀 LC5 最大位移量 y_{LC5max} 为

$$y_{LC5max} = x_{L2max} + L_{2fh}$$

其中，

$$L_{2fh} = l_{2fh} + 5g_{Lw5}$$

$$l_{2fh} \geqslant \frac{2.5\pi D_{L1}\delta^3 P_{hmax}}{12\mu[q_{nx}]}$$

式中，l_{2fh}——封油长，取 $l_{2fh} = 2.2\text{mm}$；

L_{2fh}——有效封油长，取 $L_{2fh} = 6.2\text{mm}$；

δ——相应阀芯与阀体配合间隙，取 $\delta = 0.011\text{mm}$；

μ——液传动油动力黏度，$\mu = 1.22\times10^{-2}\,\text{Pa}\cdot\text{s}$；

q_{nx}——允许内泄量，结合加工工艺水平，一般取 $q_{nx} = 0.01Q_{max}$。

由此计算可得 $y_{LC5max} = 9.6\text{mm}$。

锁止阀 LC5 阀芯运动过程中承受的力有弹簧力、运动阻力 F_{v2}、卡紧力 F_{a2}、稳态液动力 F_{w2} 以及油液在各腔室建立的液压力。为此，可建立锁止阀阀芯力平衡方程为

$$\frac{\pi}{4}d_{LC5}^2 P_{C2} - F_{k2} = K_2 x_{s2} + F_{v2} + F_{w2} + F_{a2}$$

计算可得 $K_{LC5} = 29.67\text{N/mm}$。

4.9 其他液压元件的选型

其他液压元件作为重型液力自动变速器液压系统不可或缺的组成部分，主要包括电磁阀、逻辑阀、过滤器、冷却器等，它们的工作性能将影响液压系统的性能，根据前述所设计的液压系统及其工作性能的要求，其他液压元件的选型如表 4.10 所示[84,87]。

表 4.10　其他液压元件的选型及其性能参数

液压元件	型号	最高工作压力/MPa	可通过最大流量/(L/min)	工作电压/V	数量
换挡电磁阀	HSV-3053C2	5	2 ~ 9	12	6
锁止电磁阀	HLDCF-26E	1.2	3.6	12	2
	YHF10-232	2.7	18	—	9
逻辑元件	SF06-01B	3.5	15	—	2
	YHF10-24C	2.4	38	—	1

续表

液压元件	型号	最高工作压力/MPa	可通过最大流量/(L/min)	工作电压/V	数量
进油滤清器	TF-100×80LY	—	100	—	1
主过滤器	ZU-E100×30B	—	100	—	1
冷却器	$4LQF_3W$	—	—	—	1
润滑过滤器	ZU-E40×20B	—	—	—	1

第5章　重型液力自动变速器液压系统的性能分析及优化

重型液力自动变速器液压系统包括主调压液压子系统、换挡控制液压子系统和闭锁控制及冷却润滑液压子系统。其中，主调压液压子系统为整个液压系统提供油源，并实现自动调控油压；换挡控制液压子系统主要完成不同挡位的动力切换；闭锁控制及冷却润滑液压子系统一方面实现闭锁离合器的闭锁或解锁，另一方面完成运动元件的冷却与润滑，这三大液压子系统的性能直接影响重型液力自动变速器整机的性能。

5.1　主调压液压子系统的性能分析及优化

5.1.1　主调压液压子系统的工作原理

如图 5.1 所示，主调压液压子系统的工作原理为：液压泵加压后油液作用于主调压阀，当供给油压不足以克服弹簧预紧力时，阀芯处于最上端位置，泄

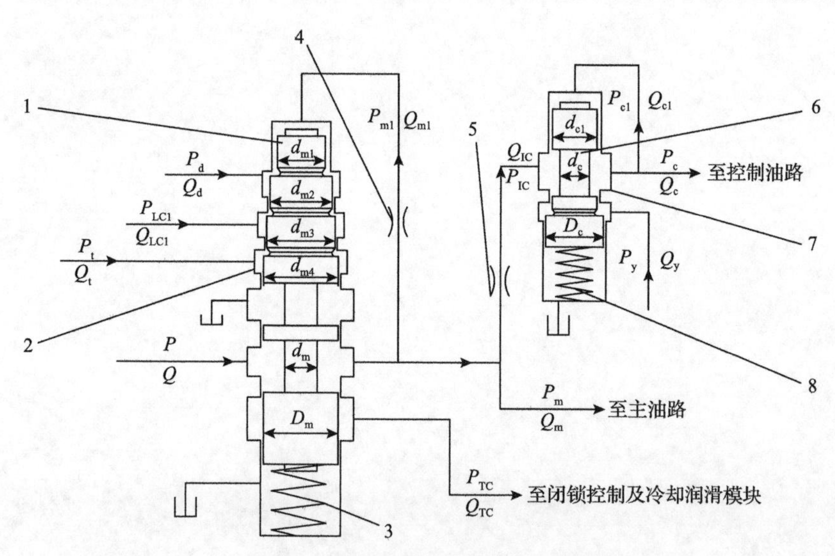

图 5.1　主调压液压子系统工作原理

1. 主调压阀阀芯；2、7. 主阀体；3. 主调压阀复位弹簧；4. 阻尼孔 1；5. 阻尼孔 2；
6. 控制压力调节阀阀芯；8. 控制压力调节阀复位弹簧

油口被关闭；当供给油压持续增大时，自反馈油压 P_{m1} 相应增大，主调压阀阀芯在液动力作用下克服弹簧预紧力下移，泄油口打开，并在电磁阀反馈压力 P_d、变矩器反馈压力 P_T 以及 LC1 锁止阀反馈压力 P_{LC1} 下实现溢流作用输出主油压。输出油液分为三路，一路为闭锁控制及冷却润滑模块供油；一路流向主油路；还有一路油液经阻尼孔 2 后流向控制压力调节阀。同样，当压力 P_{c1} 逐渐增大到足以克服控制压力调节阀的弹簧复位力时，控制压力调节阀阀芯下移，实现二次减压作用，输出稳定控制油压 P_c。

5.1.2　主调压液压子系统模型建立及性能分析

忽略库仑摩擦力，可建立主调压阀与控制压力调节阀的阀芯动力学平衡方程。

主调压阀阀芯动力学平衡方程为

$$\begin{aligned}&P_{m1}S_{m1}+P_dS_{m2}+P_{LC1}S_{m3}+P_TS_{m4}\\&=M_m\frac{d^2x_m}{dt^2}+C_m\frac{dx_m}{dt}+K_m(x_m+x_{m0})+F_{ms}+F_{mw}\end{aligned}\tag{5.1}$$

控制压力调节阀阀芯动力学平衡方程为

$$P_{c1}S_{c1}+P_yS_{Dc}=M_c\frac{d^2x_c}{dt^2}+C_c\frac{dx_c}{dt}+K_c(x_c+x_{c0})+F_{cs}+F_{cw}\tag{5.2}$$

上述式中，S_{m1}——主调压阀反馈压力 P_{m1} 有效作用面积；

S_{m2}——主调压阀反馈压力 P_d 有效作用面积；

S_{m3}——主调压阀反馈压力 P_{LC1} 有效作用面积；

S_{m4}——主调压阀反馈压力 P_T 有效作用面积；

S_{c1}——控制压力调节阀反馈压力 P_{c1} 有效作用面积；

S_{Dc}——控制压力调节阀反馈压力 P_y 有效作用面积；

M_m——主调压阀阀芯质量；

M_c——控制压力调节阀阀芯质量；

C_m——主调压阀阀芯黏性阻尼系数；

C_c——控制压力调节阀阀芯黏性阻尼系数；

K_m——主调压阀弹簧刚度；

K_c——控制压力调节阀弹簧刚度；

x_m——主调压阀阀芯位移；

x_c——控制压力调节阀阀芯位移；

x_{m0}——主调压阀弹簧预压缩量；

x_{c0}——控制压力调压阀弹簧预压缩量；

F_{ms}——主调压阀阀芯瞬态液动力；

F_{cs}——控制压力调节阀阀芯瞬态液动力；

F_{mw}——主调压阀阀芯稳态液动力；

F_{cw}——控制压力调节阀阀芯稳态液动力。

建立主调压阀和控制压力调节阀自反馈腔室的流量连续性方程如下。

主调压阀自反馈腔室的流量连续性方程为

$$Q_{m1} = S_{m1}\frac{dx_m}{dt} - \frac{V_{m1}}{\beta_e}\frac{dP_{m1}}{dt} = C_0\frac{\pi}{4}d_{01}^2\sqrt{\frac{2}{\rho}\left(P_m - P_{m1}\right)} \tag{5.3}$$

控制压力调节阀自反馈腔室的流量连续性方程为

$$Q_{c1} = S_{c1}\frac{dx_c}{dt} - \frac{V_{c1}}{\beta_e}\frac{dP_{c1}}{dt} \tag{5.4}$$

上述式中，β_e——油液等效体积弹性模量；

V_{m1}——主调压阀自反馈压力腔室容积；

C_0——阻尼孔系数；

d_{01}——阻尼孔 1 直径。

流过阻尼孔 2 的流量为

$$Q_{IC} = C_0\frac{\pi}{4}d_{02}^2\sqrt{\frac{2}{\rho}\left(P_m - P_{IC}\right)} \tag{5.5}$$

式中，d_{02}——阻尼孔 2 直径。

借助 AMESim 仿真平台可建立主调压液压子系统的仿真模型，如图 5.2 所示。仿真环境中加入 P_{LC1} 信号用于模拟 LC1 锁止阀的反馈压力，P_d 信号用于模拟来自主模式电磁阀的反馈压力，P_T 信号和二位二通电磁阀用于模拟来自液力变矩器模块的反馈压力。由设计的液压系统可知，与主模式电磁阀相通腔室压力 P_d 和与 LC1 锁止阀相通腔室压力 P_{LC1} 都是控制压力调节阀调控后的油压，则 $P_d = P_{LC1} = P_c$，而与变矩器相通室油压 P_T 是经主调压阀调控后的油压，则有 $P_T = P_m$。结合第 4 章的设计计算与选型参数，主调压液压子系统的建模参数如表 5.1 所示。

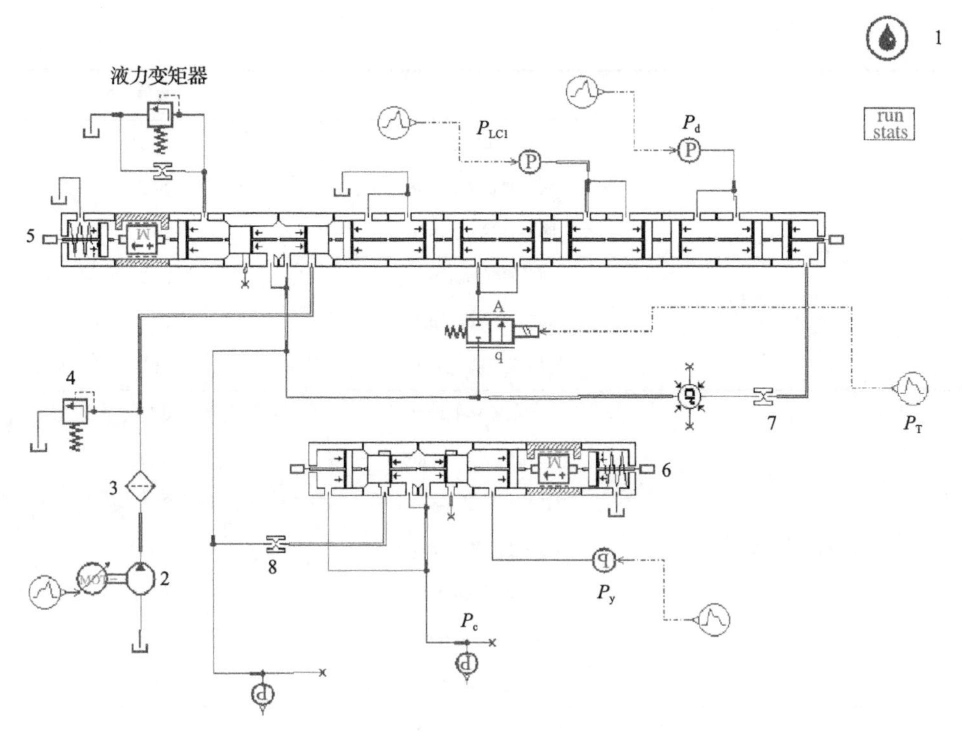

图 5.2　主调压液压子系统的 AMESim 仿真模型

1. 油液属性；2. 液压泵；3. 主过滤器；4. 安全阀；5. 主调压阀；6. 控制压力调节阀；7. 阻尼孔 1；8. 阻尼孔 2

表 5.1　主调压液压子系统仿真建模主要参数表

类型	参数名称	数值
油液属性	工作温度 T/℃	60
	弹性模量 β_e/MPa	1200
	油液密度 ρ/ (kg/m^3)	876.6
	黏性阻尼系数/ (N·s/m)	0.4535
液压泵	转速 n/ (r/min)	1500
	排量 V/ (mL/r)	20
安全阀	安全压力/MPa	4
主调压阀	质量 M_m/kg	0.205
	弹簧刚度 K_m/ (N/mm)	8.29
	弹簧预压缩量 x_{m0}/mm	42.28
	阀芯外径 D_m/mm	23

续表

类型	参数名称	数值
主调压阀	阀芯小径 d_m/mm	11.5
	阀芯直径 d_{m1}/mm	14.5
	阀芯直径 d_{m2}/mm	19.2
	阀芯直径 d_{m3}/mm	21.2
	阀芯直径 d_{m4}/mm	22.5
	初始遮盖量 u_{lm}/mm	0
控制压力调节阀	质量 M_c/kg	0.13
	弹簧刚度 K_c/(N/mm)	6.37
	弹簧预压缩量 x_{c0}/mm	23.8
	初始遮盖量 u_{lc}/mm	0
	阀芯外径 D_c/mm	17.5
	阀芯小径 d_c/mm	9
	阀芯直径 d_{c1}/mm	13.5
阻尼孔	阻尼孔 1 直径 d_{01}/mm	0.8
	阻尼孔 2 直径 d_{02}/mm	2

为探究主调压液压子系统的输出油压特性，在仿真过程中不考虑油液泄漏的影响，假设温度恒定，且为模拟不同挡位下的主油压自动调节，设置挡位时间：0～4s 为空挡；4～8s 为Ⅰ挡；8～12s 为Ⅴ挡；12～16s 为Ⅶ挡。

通过仿真得到 4 级主油压 P_m，如图 5.3(a)所示，即在自反馈压力 P_{m1} 和反馈压力 P_d 作用下，倒挡主油压 P_m 约为 20.5bar(1bar=10^5Pa)；Ⅰ挡时(4～8s)，在自反馈压力 P_{m1}、反馈压力 P_d 和反馈压力 P_{LC1} 作用下，主油压 P_m 调控为 18.2bar；Ⅴ挡时(8～12s)，在自反馈压力 P_{m1}、反馈压力 P_{LC1} 和反馈压力 P_T 作用下，主油压 P_m 再调控为 14.4bar；Ⅶ挡时(12～16s)，同样在自反馈压力 P_{m1}、反馈压力 P_d、反馈压力 P_{LC1} 和反馈压力 P_T 作用下，主油压 P_m 最终调控为 13.7bar。同时，由图 5.3(b)可看出，控制压力调节阀输出油压 P_c 在 0～2.9s 存在超调量，波动较为剧烈，在 2.9s 后控制油压稳定在 10.64bar 附近。

综上所述，主调压液压子系统在各级反馈压力作用下主油压 P_m 实现了自主调控，同时，控制压力调节阀实现了二次减压，将主油压 P_m 降低为换挡控制液压系统控制油路所需控制油压 P_c。然而，Ⅰ挡、Ⅴ挡和Ⅶ挡时，调控主油压

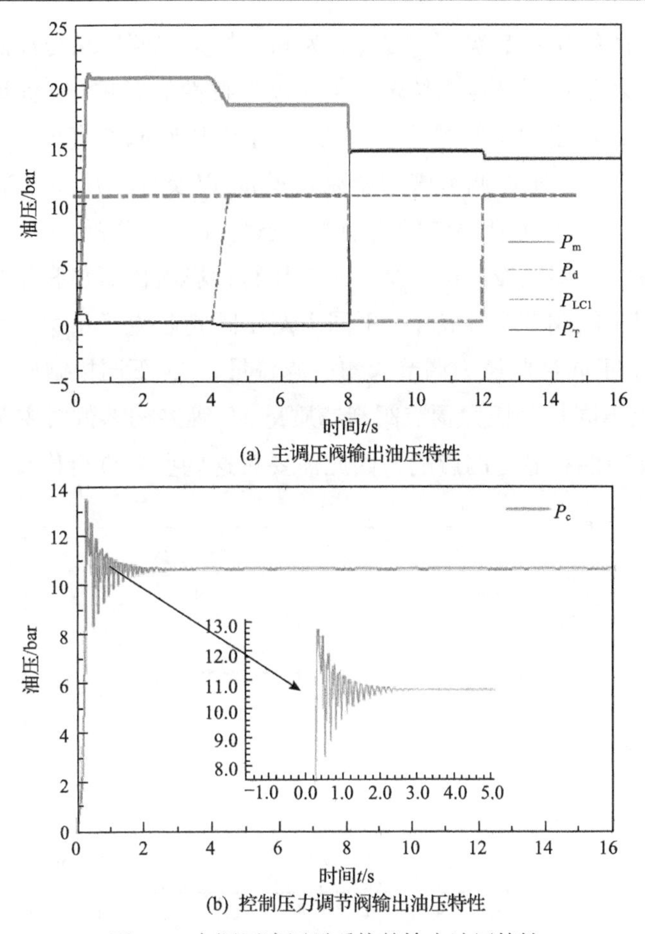

(a) 主调压阀输出油压特性

(b) 控制压力调节阀输出油压特性

图 5.3　主调压液压子系统的输出油压特性

P_m 均大于预期执行元件传递扭矩所需目标油压(各挡位主油压 P_m 最优范围分别为：空挡和倒挡 18～21bar；Ⅰ挡和Ⅱ挡 13～17bar；Ⅲ挡～Ⅶ挡 6.8～13bar)；此外，控制压力调节阀的初期输出油压特性较差，波动十分显著，超调量大。这都必然会造成摩擦接合元件的疲劳磨损和换挡冲击，进而影响重型液力自动变速器的使用寿命。为此，需对所设计的主调压阀和控制压力调节阀的几何结构参数进行修正，以提高重型液力自动变速器的换挡品质、乘坐的舒适性和实用性。

5.1.3　主调压液压子系统输出油压特性优化研究

在Ⅰ挡及更高挡位工况下，调控主油压大于预期调控目标值，而且控制油压动态响应特性也较差，主调压液压系统的输出油压特性主要由主调压阀和控制压力调节阀的结构参数决定。因此，为确定相关主调压阀与控制压力调节阀几何结构参数对主调压液压系统输出油压动态特性的影响，在保证其他参数稳定性的条件下，对主调压阀阀芯直径 d_{m3}、主调压阀阀芯直径 d_{m4}、主调压阀弹簧刚度 K_m、控制压力调节阀初始遮盖量 u_{lc} 以及控制压力调节阀弹簧刚度 K_c 等参数展开主调压液压系统输出油压动态特性仿真分析。

不同参数对主调压液压子系统输出油压特性影响因素仿真结果如图 5.4 所示，不同主调压阀阀芯直径 d_{m3}、不同主调压阀阀芯直径 d_{m4}、不同主调压阀弹簧刚度 K_m、不同控制压力调节阀初始遮盖量 u_{lc}、不同控制压力调节阀弹簧刚度 K_c，以及不同控制压力调节阀阀芯质量 M_c 等结构参数对主调压液压子系统的输出油液特性有显著的影响，因此需要对这些参数进行优化设计。

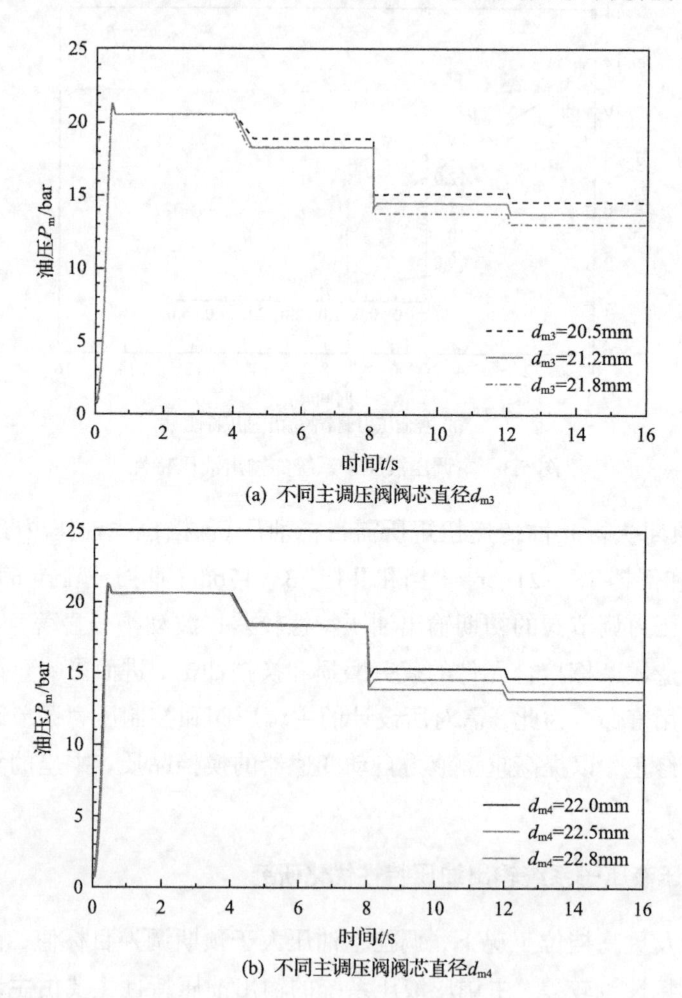

(a) 不同主调压阀阀芯直径d_{m3}

(b) 不同主调压阀阀芯直径d_{m4}

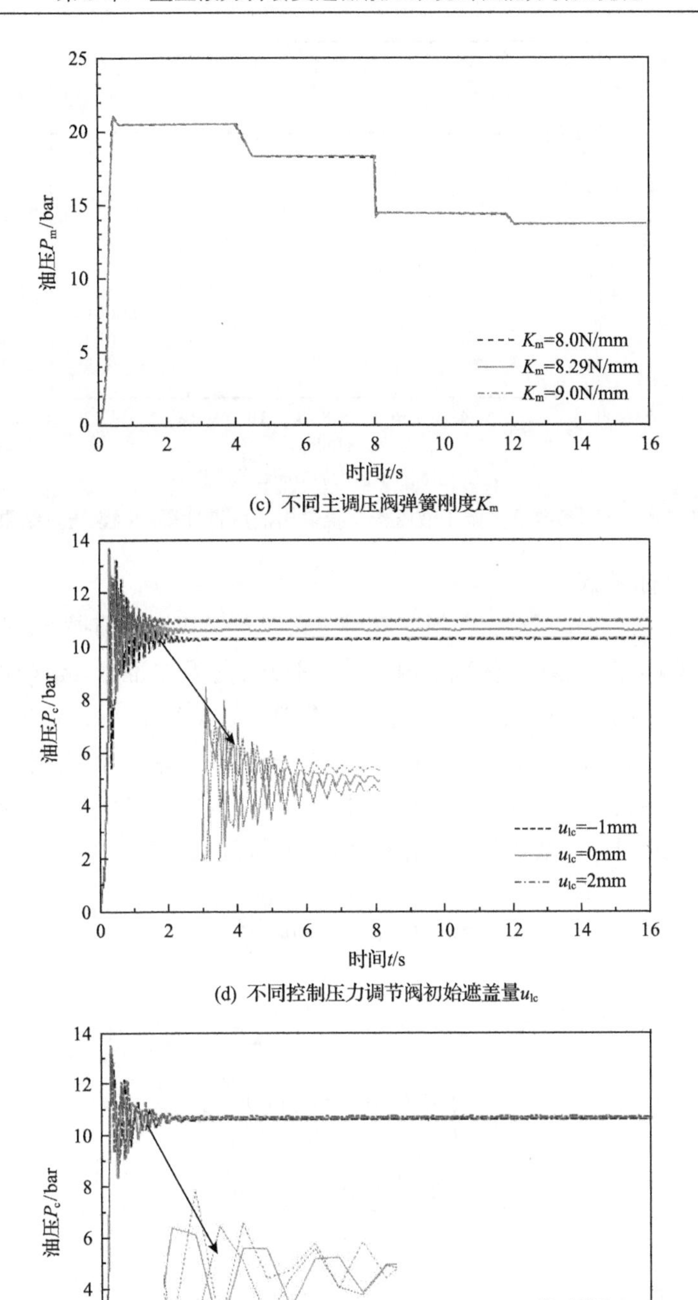

(c) 不同主调压阀弹簧刚度K_m

(d) 不同控制压力调节阀初始遮盖量u_{lc}

(e) 不同控制压力调节阀弹簧刚度K_c

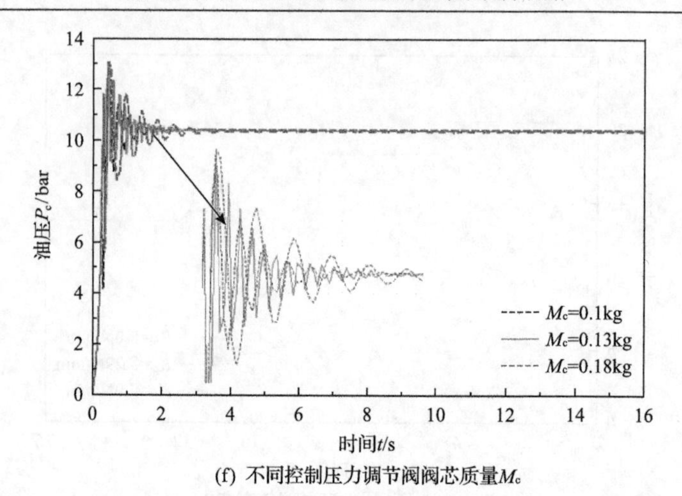

(f) 不同控制压力调节阀阀芯质量M_c

图 5.4　不同参数下主调压液压子系统输出油压特性影响因素仿真结果

1) 优化目标函数

对于主调压液压子系统，关键是在满足所需传递扭矩的前提下，使输出油压快速而准确地调控在最小目标范围内，采用平方误差积分准则(integral of squared error criterion, ISE)和时间乘绝对误差积分准则(integral of time multiplied by the absolute value of error criterion, ITAE)，能兼顾到主调压液压系统的快速响应时间要求和该动态系统的瞬态油压响应误差要求[88,89]。同时，考虑到目标函数的数量级存在差异，对目标函数进行归一化处理后的目标函数为

$$\min J = \omega_1 \frac{J_1}{\overline{J_1}} + \omega_2 \frac{J_2}{\overline{J_2}} \tag{5.6}$$

其中，

$$J_1 = \int_{t_1}^{t_2} \left[\frac{P_{\mathrm{mE}}(t) - P_{\mathrm{mT}}(t)}{P_{\mathrm{mE}}(t)} \right]^2 \mathrm{d}t$$

$$J_2 = \int_{t_1}^{t_2} \left[t \left| \frac{P_{\mathrm{cE}}(t) - P_{\mathrm{cT}}(t)}{P_{\mathrm{cE}}(t)} \right| \right] \mathrm{d}t$$

式中，J——目标函数；

$\overline{J_i}$——优化前目标函数 J_i；

ω_1、ω_2——权重系数；

$P_{\mathrm{mE}}(t)$——输出主油压的期望值；

$P_{\mathrm{mT}}(t)$——输出主油压的实际值；

$P_{cE}(t)$——输出控制油压的期望值；

$P_{cT}(t)$——输出控制油压的实际值。

2) 设计变量及约束条件

如前所述，可设定主调压液压系统的设计变量为

$$\alpha=\begin{bmatrix}d_{m3} & d_{m4} & u_{lc} & K_c & M_c\end{bmatrix}^{T} \tag{5.7}$$

式(5.6)与式(5.7)组合即为主调压液压系统优化问题模型。

$$\begin{cases}\min J=\omega_1\dfrac{J_1}{\overline{J_1}}+\omega_2\dfrac{J_2}{\overline{J_2}}\\ \text{s.t. } \alpha=\begin{bmatrix}d_{m3} & d_{m4} & u_{lc} & K_c & M_c\end{bmatrix}^{T}\end{cases}$$

主调压液压系统各参数优化设计及约束参数范围如表 5.2 所示。

表 5.2 主调压液压系统优化设计及约束参数

参数名称	优化范围	参数名称	优化范围
主调压阀阀芯直径 d_{m3}/mm	20.5～22.0	调节阀初始遮盖量 u_{lc}/mm	0～3.6
主调压阀阀芯直径 d_{m4}/mm	22.5～23.0	调节阀弹簧刚度 K_c/(N/mm)	6.0～7.0
调节阀阀芯质量 M_c/mm	0.1～0.2	—	—

3) 优化过程及其结果分析

粒子群优化(particle swarm optimization, PSO)算法作为一种实用性较强的优化算法，具有连续性强和收敛速度快的特点，适用于多目标参数优化设计[90,91]。因此，为寻求优化设计及约束范围内最优解，采用 PSO 算法对主调压阀与控制压力调节阀结构参数进行优化设计。

考虑到优化设计参数间的相互交互作用，采用包含交叉项的完全二阶响应面模型，其拟合数学模型为

$$J=\beta_0+\sum_{i}^{n}\beta_i x_i+\sum_{i}^{n}\beta_{ii}{x_i}^2+\sum_{i}^{n-1}\sum_{j}^{n}\beta_{ij}x_i x_j+\varepsilon \tag{5.8}$$

式中，J——目标函数；

x_i——优化设计参数变量；

β_i——待定系数；

ε——误差。

目标函数与优化设计参数间的拟合优度[92]为

$$R^2 = 1 - \frac{\sum_{i}^{n}(y_i - \hat{y}_l)^2}{\sum_{i}^{n}(y_i - \overline{y}_l)^2} \tag{5.9}$$

式中，y_i——仿真值；

$\overline{y}_l$——仿真平均值；

$\hat{y}_l$——拟合函数预测值。

PSO 算法优化流程如图 5.5 所示。

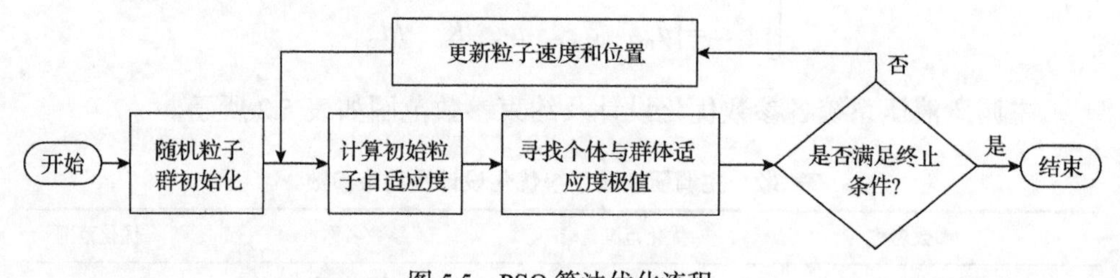

图 5.5　PSO 算法优化流程

具体算法优化步骤如下：

(1) 对粒子群的速度和位置随机初始化；

(2) 计算初始粒子自适应度；

(3) 确定粒子个体与群体适应度极值；

(4) 判断是否满足终止条件，若满足终止条件，则得出优化结果，若不满足终止条件，则根据式(5.10)对粒子速度和粒子位置进行更新，并返回步骤(3)，直至得出最优解。

更新公式为

$$\begin{cases} v_{i+1} = \omega v_i + C_1 r_1 (p_{\text{best}} - x_i) + C_2 r_2 (g_{\text{best}} - x_i) \\ x_{i+1} = x_i + v_i \end{cases}, \quad i = 1, 2, \cdots, N \tag{5.10}$$

式中，N——粒子总数；

v_i——粒子速度；

p_{best}——个体最优粒子；

g_{best}——全局最优粒子；

ω——惯性因子；

x_i——粒子位置；

r_1、r_2——(0, 1)随机数。

设定 PSO 算法属性：种群规模为 200，最大进化次数为 100，学习因子 $C_1 = C_2 = 2$，PSO 算法种群进化过程如图 5.6 所示。优化完毕后的结果具体如表 5.3 所示。

由图 5.7(a)所示的主调压阀输出油压特性优化结果可以看出，倒挡稳定主油压 p_m 约为 20.02bar；Ⅰ挡时(4～8s)，主油压 p_m 调控约为 15.4bar；Ⅴ挡时(8～12s)，在各级反馈压力的作用下，主油压较优化前降低了约 2.4bar；Ⅶ挡时(12～16s)，重新调控为 11.3bar。经过 PSO 算法优化后的设计参数将主油压调控在了最优目标范围内；另外，根据图 5.7(b)所示的控制压力调节阀输出油压特性，在 PSO 算法下达到稳态油压时间 t_p、震荡衰减次数和超调量分别为 3.75s、5 次和 14%。

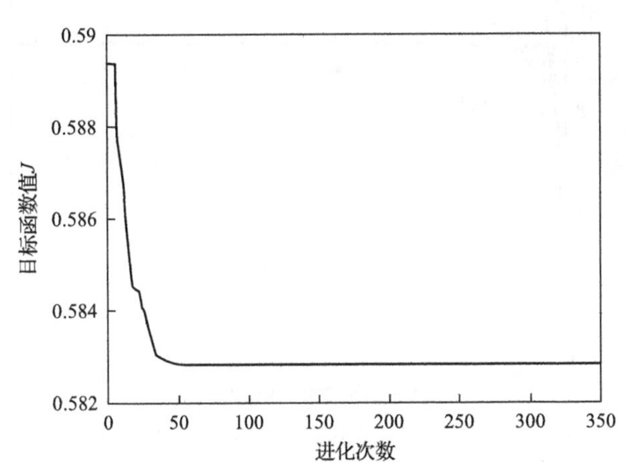

图 5.6　PSO 算法种群进化过程

表 5.3　优化结果

参数名称	PSO 算法优化结果
主调压阀阀芯直径 d_{m3}/mm	21.83
主调压阀阀芯直径 d_{m4}/mm	22.86
调节阀阀芯质量 M_c/kg	0.19
调节阀弹簧刚度 K_c/(N/mm)	6.93
调节阀初始遮盖量 u_{1c}/mm	0.22

综上所述，分别采用 PSO 算法对主调压液压系统的结构参数进行优化，优化后稳态油压响应时间缩短、震荡衰减次数减少，超调量降低，验证了所建立模型的正确性和优化方法的有效性。

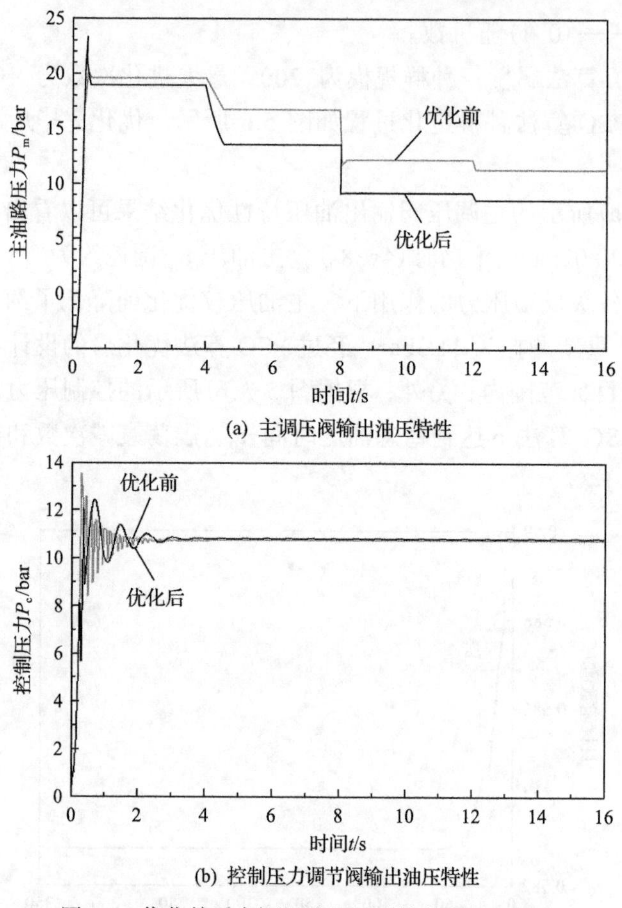

图 5.7　优化前后主调压液压子系统输出油压特性

5.2　换挡控制液压子系统的性能分析及优化

5.2.1　换挡控制液压子系统的工作原理

液力自动变速器的换挡实质是一个摩擦接合元件(换挡离合器)的脱离而另一个摩擦接合元件的接合，摩擦接合元件的接合或者脱离，又是通过控制单个换挡阀的换位来实现的[93]。如图 5.8 所示，电磁阀 SV1 通电后，控制油液经逻辑回路后流到换挡阀控制室 V_{h1} 逐渐建立起油压，使主油路的油液经换挡阀的减压口流至离合器的液压缸并建立起离合器油压，最终实现离合器的接合。反之，控制油液被电磁阀或逻辑阀切断，换挡阀阀芯在弹簧复位作用力下向上移动；然后，换挡阀减压口关闭，换挡阀溢流口打开，即主油液被换挡阀阀芯切断；最后，离合器液压缸通过溢流口与泄压油路相连，使离合器分离。

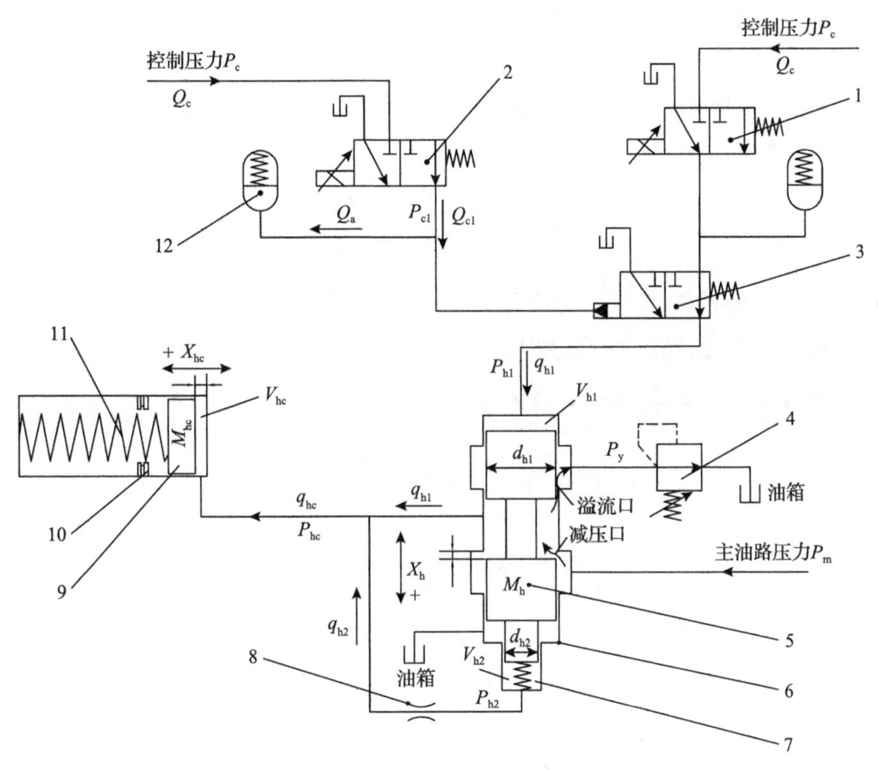

图 5.8　换挡控制液压子系统的原理图

1. 电磁阀 SV1；2. 电磁阀 SV2；3. 逻辑元件；4. 背压阀；5. 换挡阀阀芯；6. 主阀体；7. 换挡阀复位弹簧；8. 阻尼孔；9. 离合器活塞；10. 离合器摩擦片；11. 离合器复位弹簧；12. 蓄能器

5.2.2　换挡控制液压子系统模型建立及性能分析

1. 换挡阀模型建立及分析

结合上述换挡控制系统的工作原理分析，可建立换挡阀阀芯的动力学平衡方程为

$$P_{h1}S_{h1}-P_{h2}S_{h2}=M_h\frac{d^2x_h}{dt^2}+C_h\frac{dx_h}{dt}+K_h(x_h+x_{h0})+F_{hs}+F_{hw} \tag{5.11}$$

式中，S_{h1}——控制腔室油压 P_{h1} 有效作用面积；

S_{h2}——自反馈油压 P_{h2} 有效作用面积；

K_h——换挡阀弹簧刚度；

x_{h0}——换挡阀弹簧预压缩量；

M_{h}——换挡阀阀芯质量；

C_{h}——换挡阀阀芯黏性阻尼系数；

F_{hs}——换挡阀阀芯瞬态液动力；

F_{hw}——换挡阀阀芯稳态液动力。

换挡阀控制油压腔室的流量方程为

$$S_{\mathrm{h1}}\frac{\mathrm{d}x_{\mathrm{s}}}{\mathrm{d}t}-q_{\mathrm{h1}}=\frac{V_{\mathrm{h1}}}{\beta_{\mathrm{e}}}\frac{\mathrm{d}P_{\mathrm{h1}}}{\mathrm{d}t} \tag{5.12}$$

式中，x_{s}——换挡阀阀芯运动位移；

V_{h1}——换挡阀控制室容积。

换挡阀的反馈腔室流量方程为

$$\begin{cases} S_{\mathrm{h2}}\dfrac{\mathrm{d}x_{\mathrm{h}}}{\mathrm{d}t}-q_{\mathrm{h2}}=\dfrac{V_{\mathrm{h2}}}{\beta_{\mathrm{e}}}\dfrac{\mathrm{d}P_{\mathrm{h2}}}{\mathrm{d}t} \\ q_{\mathrm{h2}}=C_{\mathrm{dz}}S_{\mathrm{dz}}\sqrt{\dfrac{2}{\rho}(P_{\mathrm{h2}}-P_{\mathrm{HL}})} \end{cases} \tag{5.13}$$

式中，P_{HL}——换挡阀输出油压；

V_{h2}——换挡阀自反馈室容积；

S_{h2}——自反馈室反馈油压 P_{h2} 有效作用面积；

C_{dz}——阻尼孔流量系数；

S_{dz}——阻尼孔面积。

2. 换挡离合器模型建立及分析

不计库仑摩擦力，离合器活塞运动方程为

$$P_{\mathrm{hc}}S_{\mathrm{hc}}=M_{\mathrm{hc}}\frac{\mathrm{d}^2x_{\mathrm{hc}}}{\mathrm{d}t^2}+C_{\mathrm{hc}}\frac{\mathrm{d}x_{\mathrm{hc}}}{\mathrm{d}t}+K_{\mathrm{hc}}(x_{\mathrm{hc}}+x_{\mathrm{hc0}}) \tag{5.14}$$

式中，S_{hc}——油压 P_{hc} 作用于活塞的面积；

M_{hc}——离合器活塞质量；

K_{hc}——离合器弹簧刚度；

x_{hc}——活塞位移；

C_{hc}——活塞黏性阻尼系数。

重型液力自动变速器装载的离合器为湿式多片离合器，为避免额外建模工作，换挡离合器模型采用 AMESim 软件中的专用模型，根据换挡控制液压系统的工作原理，搭建换挡控制液压系统仿真模型，如图 5.9 所示。换挡控制液压子系统的建模参数如表 5.4 所示。

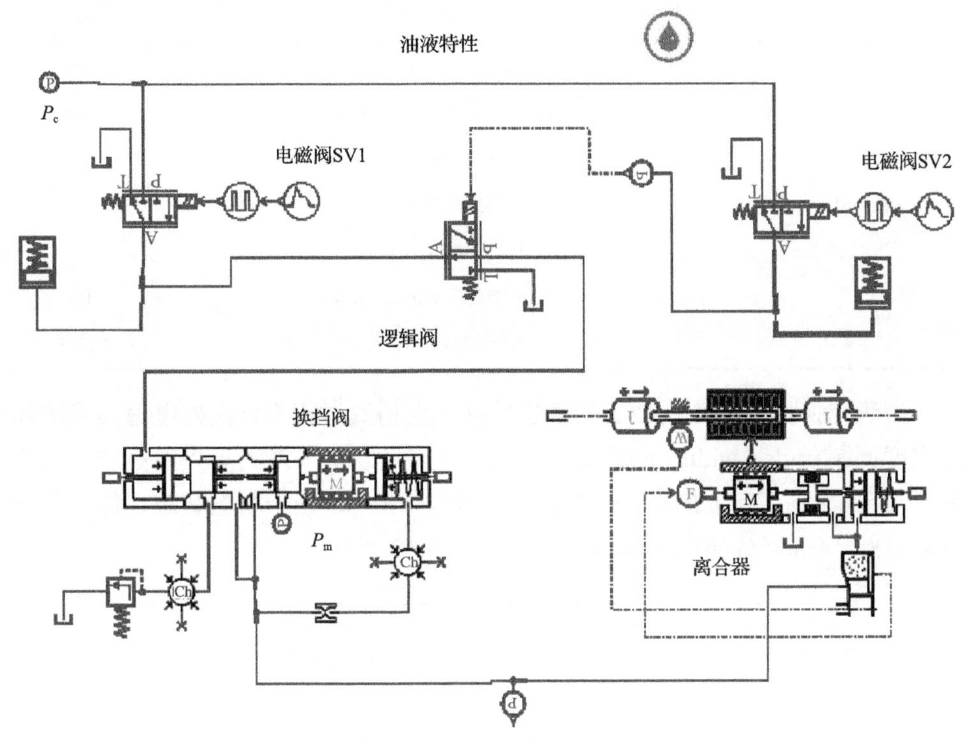

图 5.9　换挡控制液压子系统的 AMESim 仿真模型

表 5.4　换挡控制液压子系统建模主要参数

类型	参数名称	数值
输入油压	主油压 P_m/bar	15
	控制油压 P_c/bar	10.6
换挡阀	换挡阀阀芯质量 M_h/kg	0.1
	换挡阀弹簧预紧力 F_{h0}/N	40
	换挡阀自反馈腔室直径 d_{h2}/mm	7.6
	换挡阀弹簧刚度 K_h/ (N/mm)	11.2
	初始遮盖量 u_{lh}/mm	0
	换挡阀阀芯大径 D_h/mm	13.6
	阻尼孔直径 d_{hz}/ mm	1
换挡离合器	离合器总质量 M_{hc}/kg	6
	离合器弹簧预压缩量 x_{hc0}/ mm	4

续表

类型	参数名称	数值
换挡离合器	离合器液压缸外直径 d_{hc2}/mm	148
	离合器弹簧刚度 K_{hc}/(N/mm)	210
	离合器液压缸内直径 d_{hc1}/mm	58
	离合器摩擦片数 n_{hc}/片	10
	左侧转动惯量 J_L/(kg·m^2)	1
	右侧转动惯量 J_R/(kg·m^2)	0.2
	离合器初始容积 V_{hc}/L	37.885

为研究换挡控制液压系统的油压特性，在仿真过程中，换挡电磁阀采用脉冲宽度调制(pulse width modulation, PWM)来控制进入换挡阀控制室的油液流量。设定电磁阀 SV1 在 0～4s 处于通电状态，4～6s 处于断电状态，仿真得到的换挡阀-离合器各输出变量时间历程如图 5.10 所示。

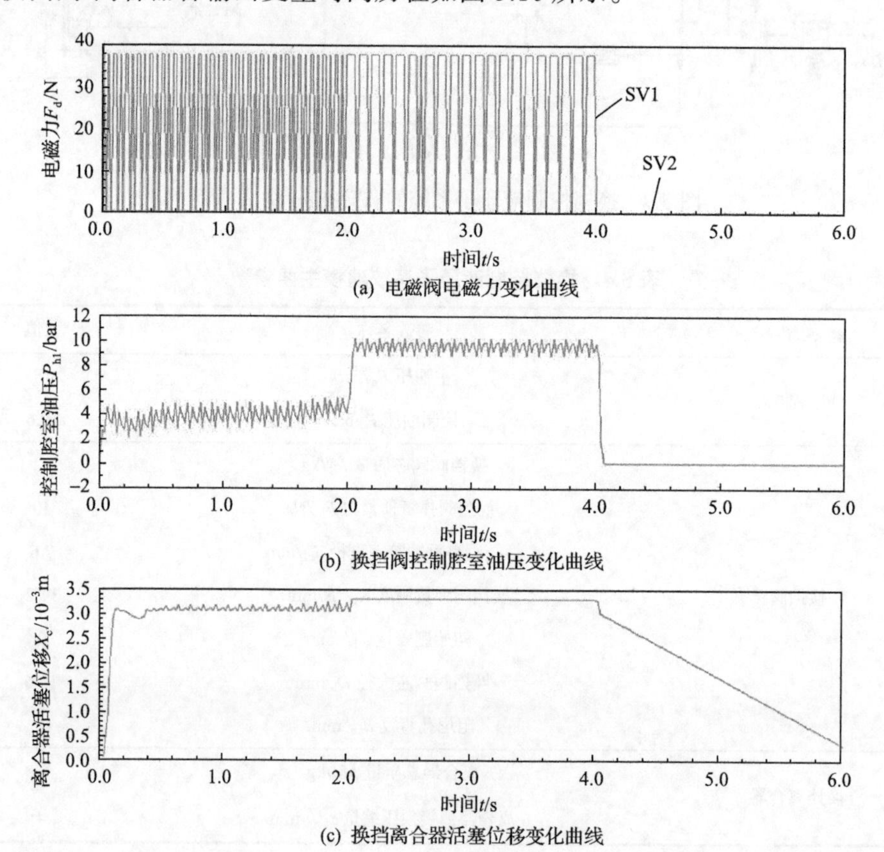

(a) 电磁阀电磁力变化曲线

(b) 换挡阀控制腔室油压变化曲线

(c) 换挡离合器活塞位移变化曲线

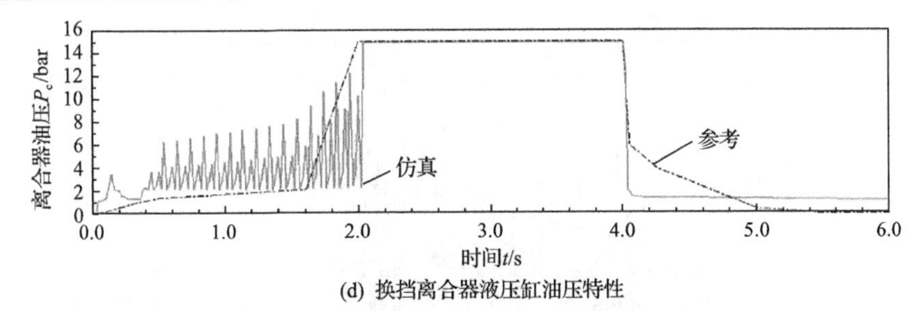

(d) 换挡离合器液压缸油压特性

图 5.10　换挡阀-离合器各输出变量时间历程

由仿真结果可知，在电磁阀 SV1 开始通电后，控制油液经电磁阀与逻辑阀后在换挡阀控制腔室建立油压推动换挡阀阀芯移动，进而主油液接通至离合器液压缸建立起离合器油压 P_{hc} ，并在 t=2.04s 时实现离合器的完全接合；在 t=4s 时电磁阀断开电磁力，换挡阀阀芯快速左移截断主油液，离合器液压缸油压快速降低至约 1.36bar，实现离合器的脱离。然而，在离合器充油过程中，其油压稳定性较差，油压波动非常显著，势必会对换挡控制系统产生较大的冲击，影响换挡品质。

5.2.3　换挡控制液压子系统输出油压特性优化研究

在输入主油压和控制油压一定的情况下，换挡控制液压子系统的油压特性主要由换挡阀参数决定。为确定相关换挡阀参数对系统油压动态特性的影响，对换挡阀阀芯大径 D_h 、换挡阀阀口初始遮盖量 u_{lh} 、换挡阀弹簧刚度 K_h 和换挡阀阻尼孔直径 d_{hz} 这四个换挡阀参数进行换挡控制液压子系统的油压特性仿真分析。

由图 5.11 的不同换挡阀参数对离合器液压缸油压响应特性仿真分析可知，换挡阀阀芯大径 D_h 、换挡阀阀口初始遮盖量 u_{lh} 和换挡阀阻尼孔直径 d_{hz} 这三个参数对油压响应特性的影响较大。因此，需要对这三个换挡阀参数进行优化设计。

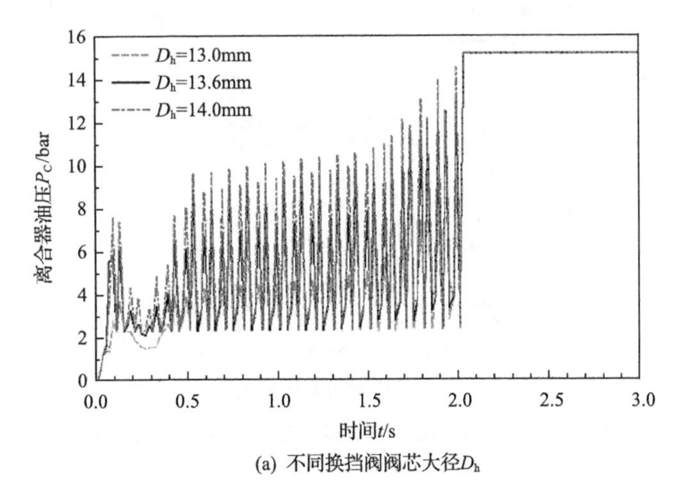

(a) 不同换挡阀阀芯大径D_h

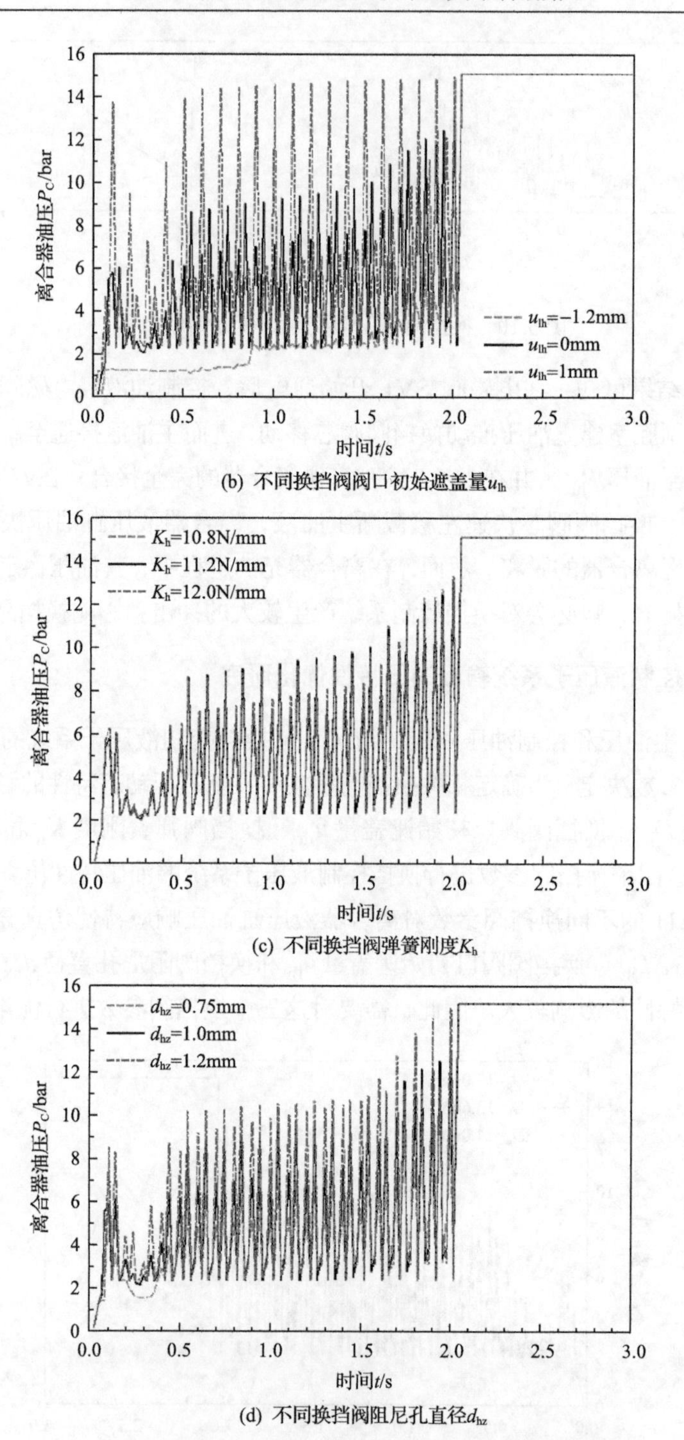

(b) 不同换挡阀阀口初始遮盖量u_{lh}

(c) 不同换挡阀弹簧刚度K_h

(d) 不同换挡阀阻尼孔直径d_{hz}

图 5.11　不同换挡阀参数下离合器液压缸油压响应特性

1) 优化设计目标

ITAE 指标是系统期望输出与实际输出之间偏差的函数对时间的积分，即一种性能评价指标，该指标越小，油压的响应时间越短，稳定性越好。为提高换挡液压子系统的油压特性，在换挡阀的参数优化设计中采用 ITAE 指标作为优化设计目标函数[89]：

$$\begin{cases} J = \int_0^{\infty} t\left|e(t)\right| \mathrm{d}t \\ e(t) = \dfrac{P_{\mathrm{CE}}(t) - P_{\mathrm{CT}}(t)}{P_{\mathrm{CE}}(t)} \end{cases} \tag{5.15}$$

式中，J——目标函数；

t——油压响应时间；

$P_{\mathrm{CE}}(t)$——换挡离合器的参考油压；

$P_{\mathrm{CT}}(t)$——换挡离合器的实际油压。

2) 优化设计约束

为提高换挡控制液压子系统的油压特性，本节除了对上述影响油压特性的三个换挡阀参数进行优化，还对换挡阀弹簧预紧力和阀芯质量进行优化。换挡阀优化设计参数优化范围如表 5.5 所示。

表 5.5　换挡控制液压子系统建模主要参数

参数名称	优化范围	参数名称	优化范围
换挡阀阀芯大径 D_{h}/mm	13.0～14.0	换挡阀初始遮盖量 u_{lh}/mm	−1～0
换挡阀阻尼孔直径 d_{hz}/mm	22.5～23.0	换挡阀弹簧预紧力 F_{h0}/N	35～45
换挡阀阀芯质量 M_{c}/kg	0.08～0.12	—	—

3) 优化过程及结果分析

AMESim 设计工具箱为用户提供遗传算法(genetic algorithm, GA)和序列二次规划(non-linear programming by quadratic lagrangian, NLPQL)算法两种优化算法。GA 作为实用性较强的优化算法，具有内在隐并行性和全局选优能力，而 NLPQL 算法对参数的初始值较为敏感，收敛的半径小，当其找到一个局部最优解时寻优工作立即停止[94]。为寻求换挡阀参数优化范围内的最优解，本节采用 AMESim 内嵌遗传算法对相关参数进行优化设计。

根据换挡阀参数范围设定遗传算法属性，具体为：种群数量为 20，复制率为 60%，执行的终止遗传代数为 30，变异概率为 1%，变异幅值为 0.1。GA 种群进化过程如图 5.12 所示，优化后得到换挡阀的参数值分别为：换挡阀阀芯大径为 13.15mm，初始遮盖量为–0.92mm，阻尼孔直径为 0.76mm，弹簧预紧力为 37.15N，阀芯质量为 0.12kg。

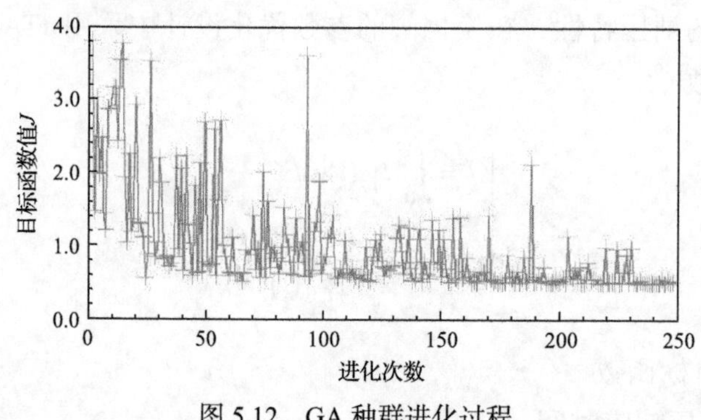

图 5.12 GA 种群进化过程

将优化后的换挡阀参数值代入原仿真模型，可得到优化前后换挡离合器液压缸油压动态特性曲线，如图 5.13 所示。优化后，在离合器接合初期(0～2.05s)，离合器液压缸油压波动较优化前显著降低，油压动态特性得到了极大的改善，有效减小了换挡过程中的换挡冲击。由图 5.13(b)对比结果可知，换挡离合器的脱离过程依旧能在 0.1s 内实现油压的快速降低，使离合器完成快速分离。

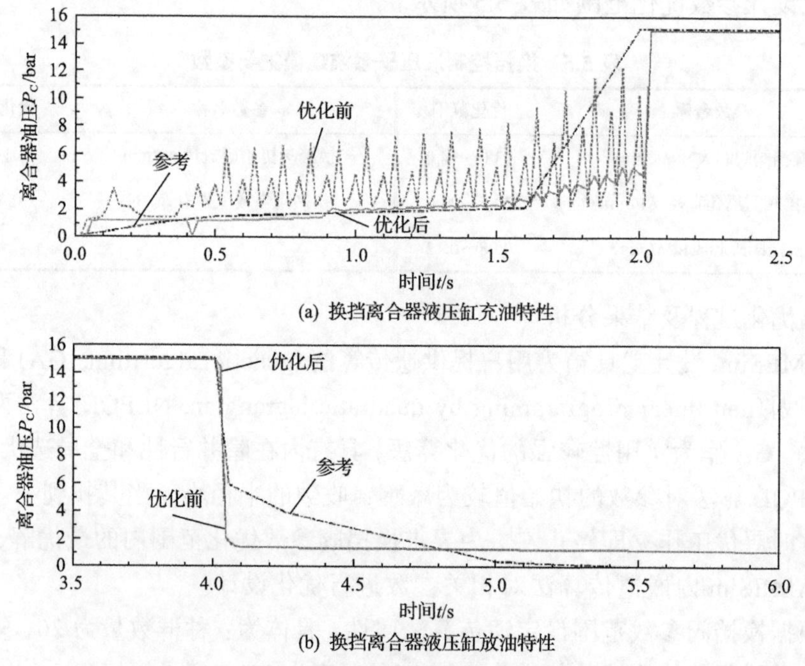

图 5.13 优化前后换挡离合器液压缸油压特性对比

综上所述，经遗传算法优化设计的换挡阀参数有效改善了换挡控制液压子系统的油压特性，提高了换挡阀参数的合理性，为后续各挡位的动力换挡性能研究奠定了基础。

5.3　闭锁控制及冷却润滑液压子系统性能研究

5.3.1　闭锁控制及冷却润滑液压子系统的模型建立

根据闭锁控制及冷却润滑液压子系统的工作原理，可建立此系统的数学模型。

(1)变矩器压力调节阀和润滑压力调节阀的阀芯动力学平衡方程如下。

变矩器压力调节阀阀芯动力学平衡方程：

$$P_{\mathrm{T}}S_{\mathrm{TC}} - P_{\mathrm{T}}S_{\mathrm{TD}} = M_{\mathrm{T}}\frac{\mathrm{d}^2 x_{\mathrm{T}}}{\mathrm{d}t^2} + C_{\mathrm{T}}\frac{\mathrm{d}x_{\mathrm{T}}}{\mathrm{d}t} + K_{\mathrm{T}}(x_{\mathrm{T}} + x_{\mathrm{T0}}) + F_{\mathrm{Ts}} + F_{\mathrm{Tw}} \tag{5.16}$$

润滑压力调节阀阀芯动力学平衡方程：

$$P_{\mathrm{L}}S_{\mathrm{LA}} = M_{\mathrm{L}}\frac{\mathrm{d}^2 x_{\mathrm{L}}}{\mathrm{d}t^2} + C_{\mathrm{L}}\frac{\mathrm{d}x_{\mathrm{L}}}{\mathrm{d}t} + K_{\mathrm{L}}(x_{\mathrm{L}} + x_{\mathrm{L0}}) + F_{\mathrm{Ls}} + F_{\mathrm{Lw}} \tag{5.17}$$

式中，S_{TC}——变矩器调控压力 P_{T} 在腔室 C 的有效作用面积；
S_{TD}——变矩器调控压力 P_{T} 在腔室 D 的有效作用面积；
S_{LA}——润滑压力 P_{L} 在腔室 A 的有效作用面积；
M_{T}——变矩器压力调节阀阀芯质量；
M_{L}——润滑压力调节阀阀芯质量；
K_{T}——变矩器压力调节阀弹簧刚度；
K_{L}——润滑压力调节阀弹簧刚度；
x_{T}——变矩器压力调节阀阀芯位移；
x_{L}——润滑压力调节阀阀芯位移；
x_{T0}——变矩器压力调节阀弹簧预压缩量；
x_{L0}——润滑压力调节阀弹簧预压缩量。

(2)变矩器压力调节阀和润滑压力调节阀的流量连续性方程如下。

变矩器压力调节阀流量连续性方程：

$$Q_{\mathrm{TD}} = S_{\mathrm{TD}}\frac{\mathrm{d}x_{\mathrm{T}}}{\mathrm{d}t} - \frac{V_{\mathrm{TD}}}{\beta_{\mathrm{e}}}\frac{\mathrm{d}P_{\mathrm{T}}}{\mathrm{d}t} \tag{5.18}$$

润滑压力调节阀流量连续性方程：

$$Q_{LA} = S_{LA} \frac{dx_L}{dt} - \frac{V_{LA}}{\beta_e} \frac{dP_{LA}}{dt} \tag{5.19}$$

式中，V_{TD}——变矩器压力调节阀自反馈压力腔室容积；

V_{LA}——润滑压力调节阀自反馈压力腔室容积。

(3)变矩器流量调节阀流量连续性方程如下。

变矩器流量调节阀腔室 A 的流量按细长小孔计算，其计算公式如下：

$$Q_{LA} = \begin{cases} 0, & \text{变矩} \\ \dfrac{\pi d_{LA}^4}{128\mu l_{LA}}(P_m - P_{bs}), & \text{闭锁} \end{cases} \tag{5.20}$$

式中，d_{LA}——变矩器流量调节阀 A 腔室容积进油小孔直径；

l_{LA}——A 腔室容积进油小孔长度；

P_{bs}——闭锁离合器油压。

经变矩器流量调节阀至变矩器进油口的流量计算公式如下：

$$Q_{LE} = \begin{cases} C_E S_{LE}\sqrt{\dfrac{2}{\rho}(P_m - P_T)}, & \text{变矩} \\ C_E S_{LE}\sqrt{\dfrac{2}{\rho}(P_L - 0)}, & \text{闭锁} \end{cases} \tag{5.21}$$

式中，C_E——流量系数；

S_{LE}——等效过流面积，$S_{LE} = \pi d_{LE}^2 / 4$。

为揭示闭锁控制及冷却润滑液压子系统模块的工作性能，建立其 AMESim 仿真模型，如图 5.14 所示，结合设计计算参数，主要建模参数如表 5.6 所示。为了检验不同挡位工况下的闭锁控制及冷却润滑液压系统的性能，设定仿真时间：0～4s 为空挡；4～8s 为Ⅰ挡；8～12s 为Ⅴ挡；12～16s 为Ⅶ挡。

表 5.6　闭锁控制及冷却润滑液压子系统建模主要参数

类型	参数名称	数值
油液属性	工作温度 T/℃	60
	油液密度 ρ/(kg/m³)	876.6
	弹性模量 β_e/MPa	1200
	黏性阻尼系数/(N·s/m)	0.4535

续表

类型	参数名称	数值
变矩器压力调节阀	阀芯质量 M_T/kg	0.2
	弹簧预紧力 F_{T0}/N	43.0
	弹簧刚度 K_T/(N/mm)	4.9
	阀芯大径 D_T/mm	16.0
	阀芯小径 d_T/mm	8.0
	阀芯直径 d_{TD}/mm	13.5
润滑压力调节阀	阀芯质量 M_L/kg	0.075
	弹簧预紧力 F_{L0}/N	42.4
	弹簧刚度 K_L/(N/mm)	1.76
	阀芯大径 D_L/mm	19.0
	阀芯小径 d_L/mm	10.0
	阀芯直径 d_{LA}/mm	19.0

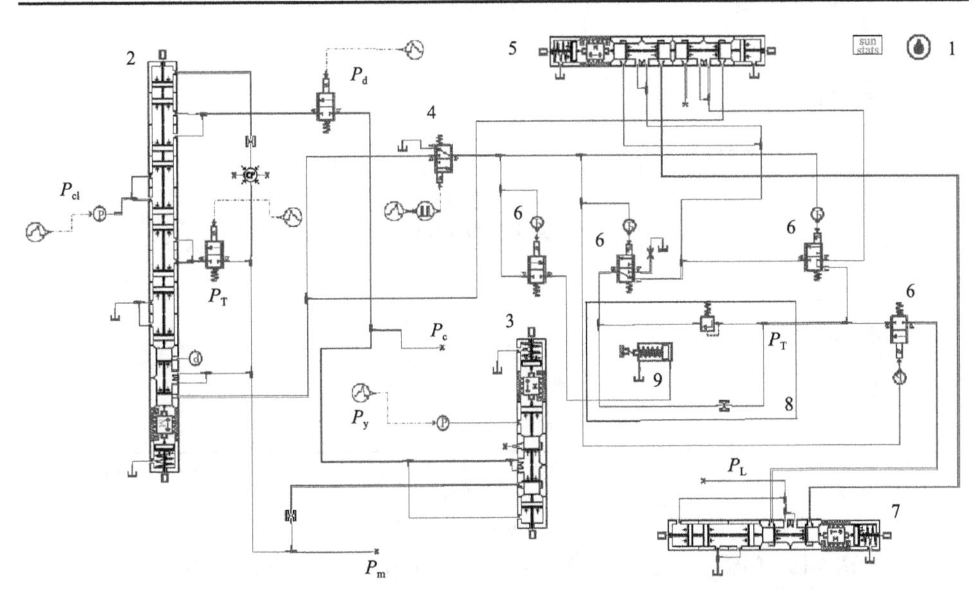

图5.14　闭锁控制及冷却润滑液压子系统的AMESim仿真模型

1. 油液属性；2. 主调压阀；3. 控制压力调节阀；4. TCC闭锁阀；5. 变矩器压力调节阀；6. 变矩器流量调节阀；7. 润滑压力调节阀；8. 变矩器模块；9. 闭锁离合器

5.3.2　闭锁控制及冷却润滑液压子系统的性能分析

闭锁控制及冷却润滑液压子系统的各输出变量时间历程仿真结果如图5.15

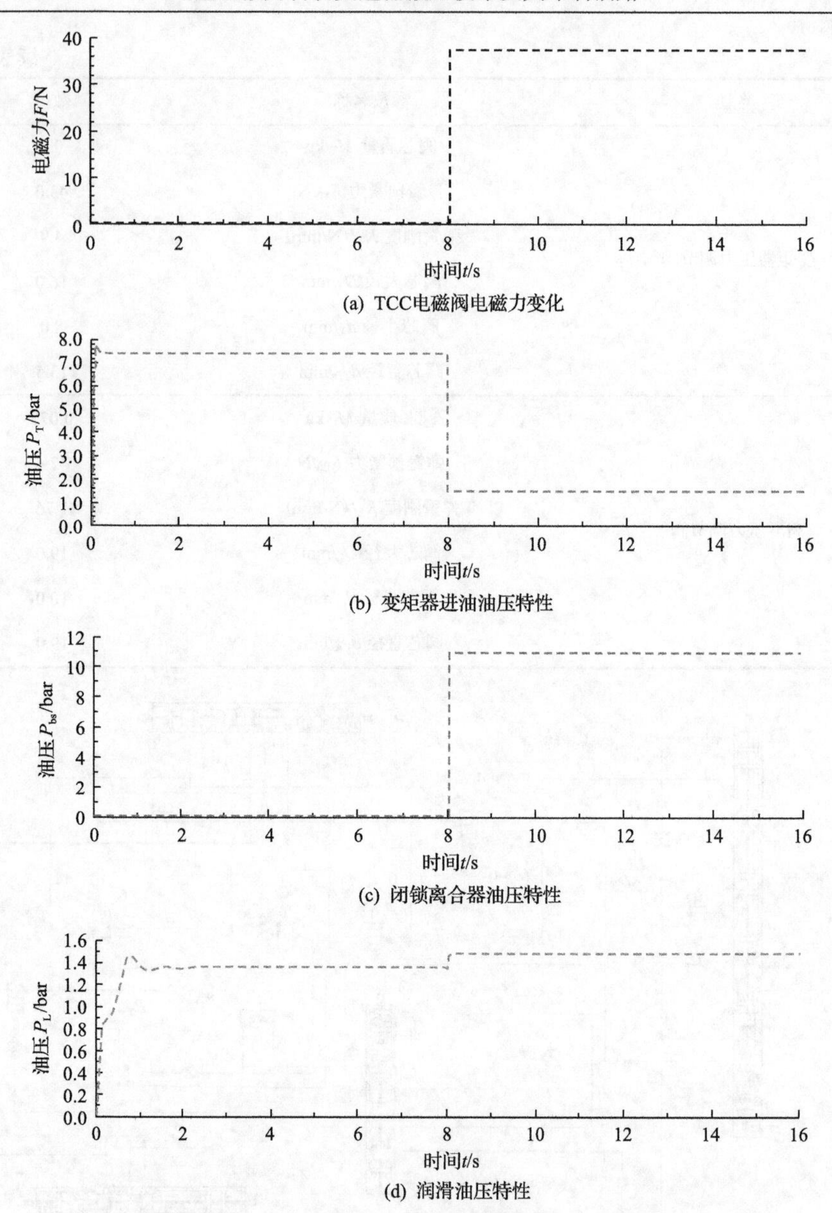

图 5.15 闭锁控制及冷却润滑液压子系统各输出变量时间历程仿真结果

所示。闭锁控制液压模块的变矩器进油油压特性与其工作状态有关，当变速器处于空挡或Ⅰ挡(变矩器处于变矩工况)时，TCC 电磁阀处于断电状态，来自主调压液压系统的油液在变矩器压力调节阀二次减压作用下，维持进入变矩器内部的油压 P_T 约为 7.4bar；在冷却润滑液压模块中，所设计的润滑压力调节阀的作用可将润滑油压 P_L 调整在 1.4bar 左右，进而为各个运动零部件提供适合的冷却与润滑油液。而当变矩器处于Ⅴ挡或Ⅶ挡时，TCC电磁阀通电，在闭锁控制液压系统的作用下闭锁离合器实现闭锁（P_{bs}约为10.9bar），液力变矩器在闭锁工况下工作，变矩器进油油液来自冷却润滑系统，即$P_T = P_L \approx 1.45bar$。

综上所述，仿真结果表明，所设计的闭锁控制及冷却润滑液压子系统可以较好地实现所需的液压功能。

5.4　液压系统动力换挡性能研究

由重型液力自动变速器液压系统原理可知，变速器液压系统执行自动动力换挡主要是由主调压液压模块和换挡控制液压模块来实现的。为此，基于设计的液压系统，本节以空挡、前进Ⅰ挡、前进Ⅲ挡、前进Ⅶ挡以及倒挡为例展开重型液力自动变速器液压系统的动力换挡性能研究，验证基于逻辑设计法所设计的重型液力自动变速器液压系统的正确性与有效性。

5.4.1　空挡的性能

如前所述，空挡挡位下换挡电磁阀PCS1、PCS2以及PCS3通电，离合器C5实现接合，根据换挡控制逻辑表(表3.4)和重型液力自动变速器液压系统的原理图(图3.9)，可建立空挡逻辑液压回路图及其AMESim仿真模型，分别如图5.16和图5.17所示。为分析空挡动力换挡性能，设定0～4s自动变速器处于空挡工况。

空挡时的仿真结果如图5.18所示。由图5.18(a)可以看出，直接来自控制压力调节阀的控制油液同时被经换挡电磁阀PCS2和换挡电磁阀PCS3到逻辑阀L9和逻辑阀L10的控制油压截断，而通过换挡电磁阀PCS1的控制油液经逻辑阀L11和逻辑阀L12后到换挡阀H5控制室逐渐建立起油压P_{H5}；当其压力大于复位弹簧力时，换挡阀H5阀芯右移，在此过程中，控制换挡电磁阀PCS1的脉冲宽度，随着进入换挡阀H5控制室的油压逐渐增至8.48bar，其阀芯移至右端1.1mm处。

图5.18(b)为离合器C5油压与活塞位移变化曲线。离合器C5在0s时开始充油接合，在0～0.4s，离合器C5液压缸处于初期充油阶段；在0.4～1.2s，离合器C5油压P_{C5}上升至2.62bar，即处于升压阶段；在1.2～2.5s，其油压P_{C5}快速增长至18.41bar，阀芯位移X_{H5}处于最大位移3.35mm，离合器C5实现完全接合；此后，在2.5～4s，离合器C5处于高压保持阶段，维持离合器C5完全接合。

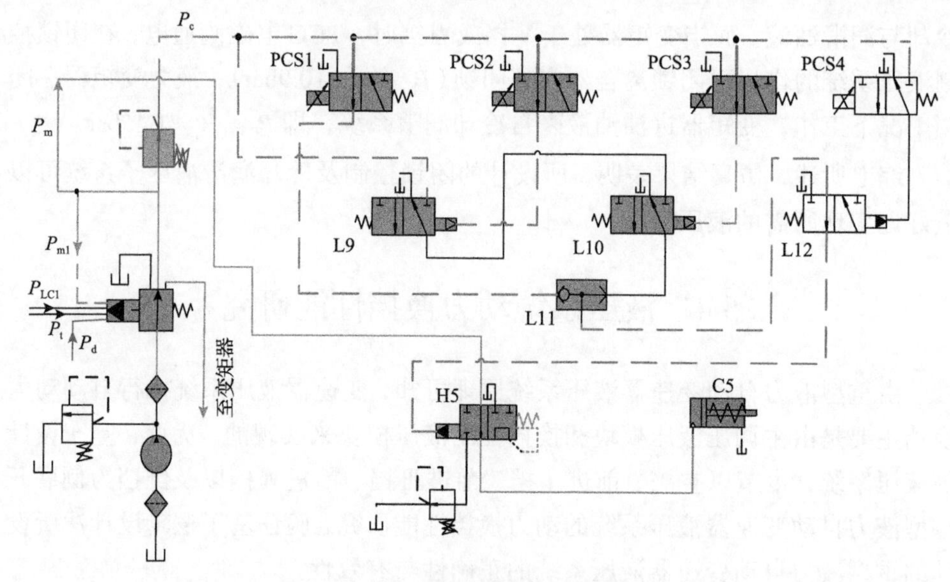

图 5.16　空挡逻辑液压回路图

P_d. 主模式电磁阀反馈压力；P_t. 液力变矩器模块反馈压力；P_{LC1}. LC1 锁止阀反馈力；P_{m1}. 自反馈压力；P_m. 主油路压力；P_c. 控制压力；PCS1～PCS4. 换挡电磁阀；L9～L12. 逻辑阀；H5. 换挡阀；C5. 离合器

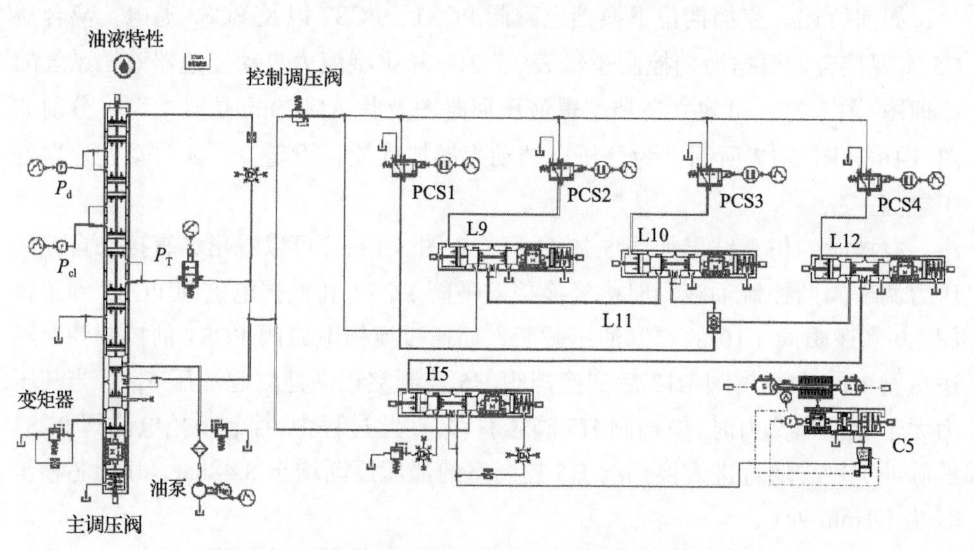

图 5.17　空挡逻辑液压回路的 AMESim 仿真模型

综上所述，在 0～4s 根据所设定的换挡逻辑，离合器 C5 接合，实现重型液力自动变速器处于空挡时的动力输出。在 4s 后进入下一个挡位，断开电磁阀 PCS1，换挡阀 H5 控制室油压开始降低，在其复位弹簧力作用下阀芯向左移动，进而使离合器 C5 油压 P_{C5} 在 0.3s 内降至 0.16bar，离合器 C5 开始实现泄压脱离。

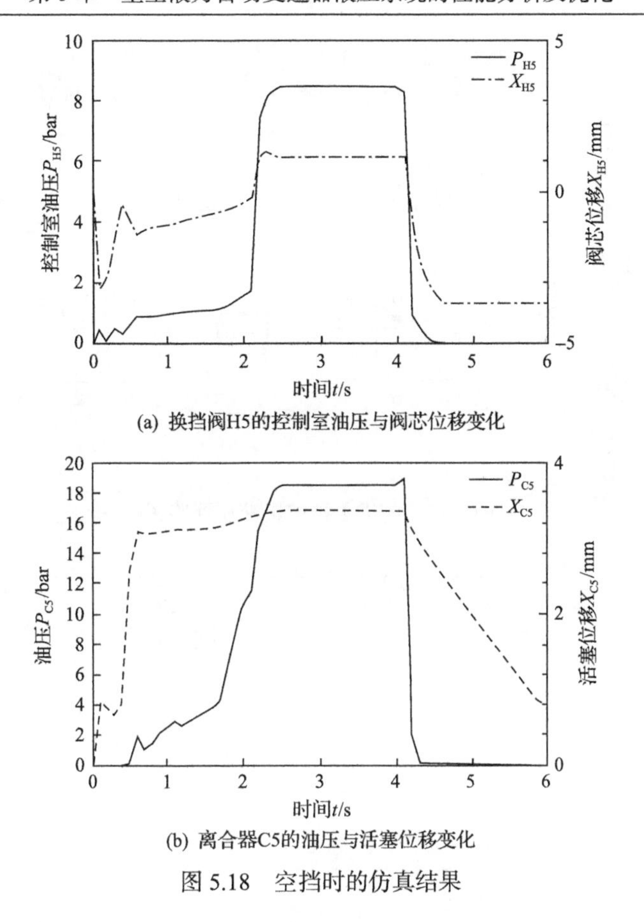

(a) 换挡阀H5的控制室油压与阀芯位移变化

(b) 离合器C5的油压与活塞位移变化

图 5.18　空挡时的仿真结果

5.4.2　前进 I 挡的性能

如前所述，前进 I 挡挡位下换挡电磁阀 PCS2 通电，离合器 C1 与 C6 实现接合，根据换挡控制逻辑表(表 3.4)和重型液力自动变速器液压系统的原理图(图 3.9)，可建立前进 I 挡逻辑液压回路图及其 AMESim 仿真模型，分别如图 5.19 和图 5.20 所示。为分析前进 I 挡动力换挡性能，设定 4～8s 自动变速器处于前进 I 挡工况。

图 5.21 为前进 I 挡换挡阀 H1 与离合器 C1 的仿真结果。由图可以看出，来自控制压力调节阀的其中一路控制油液直接从逻辑阀 L1 进入换挡阀 H1 控制室后建立起油压，推动换挡阀 H1 的阀芯向右移动，其阀芯位移在 6.2s 时处于右端 5.6mm 处，控制室油压 P_{H1} 达到最大，约 10.58bar，与此同时，主油路油液接通进入离合器 C1 的液压缸；因进入换挡阀 H1 控制室的油压未受到任何一个电磁阀的脉冲控制，离合器 C1 的油压响应在 0.2s 内由 0bar 增长至 16.19bar，

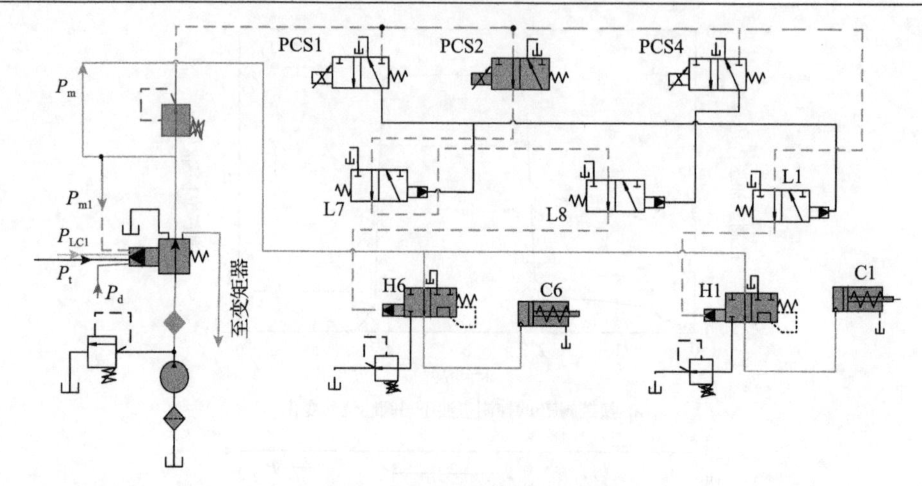

图 5.19　前进 I 挡逻辑液压回路图

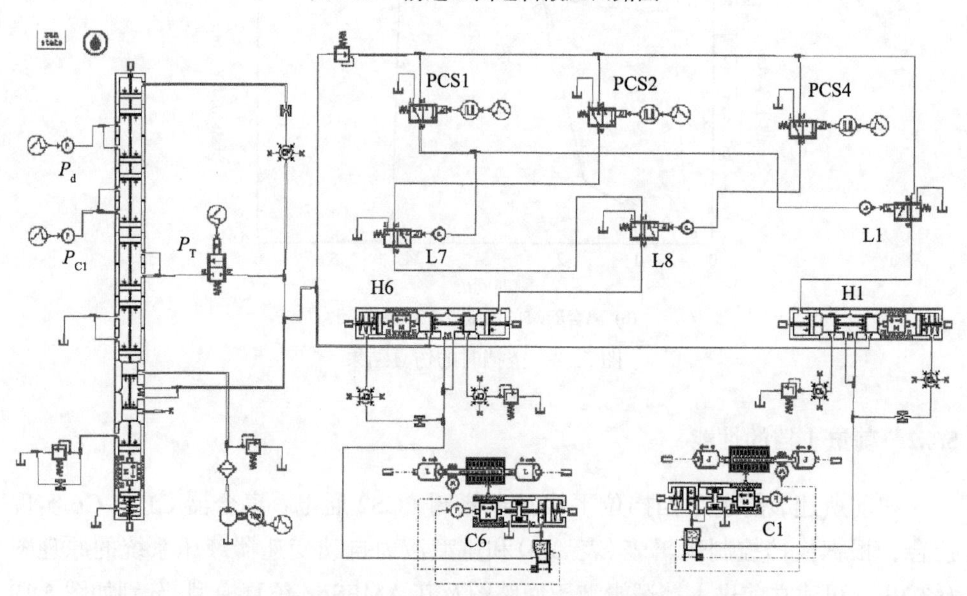

图 5.20　前进 I 挡逻辑液压回路的 AMESim 仿真模型

在 6.1s 后稳定油压 P_{C1} 约为 16.32bar，完成离合器 C1 的完全接合。

图 5.22 为前进 I 挡换挡阀 H6 与离合器 C6 的仿真结果。由图可以看出，相对于离合器 C1 的油压接合过程，离合器 C6 的油压接合过程可分为初期充油阶段、低压保持阶段、快速升压阶段和完全接合阶段；通过控制换挡电磁阀 PCS2 的脉冲信号，可得到进入换挡阀 H6 控制室的油压 P_{H6}；离合器 C6 液压缸在 5.7～5.9s 处于初期充油阶段，在 5.6～5.9s，离合器 C6 油压 P_{C6} 由 1.44bar 升至 1.55bar，即处于低压保持阶段，在 5.9～6.1s，离合器 C6 液压缸油压 P_{C6} 快

速增长至16.12bar，使离合器达到平稳接合，在6.1～8s，离合器液压缸处于高压保持阶段，维持离合器C6的完全接合。

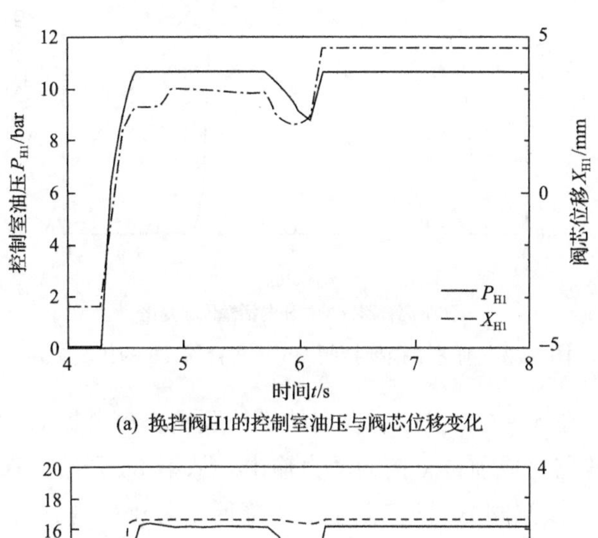

(a) 换挡阀H1的控制室油压与阀芯位移变化

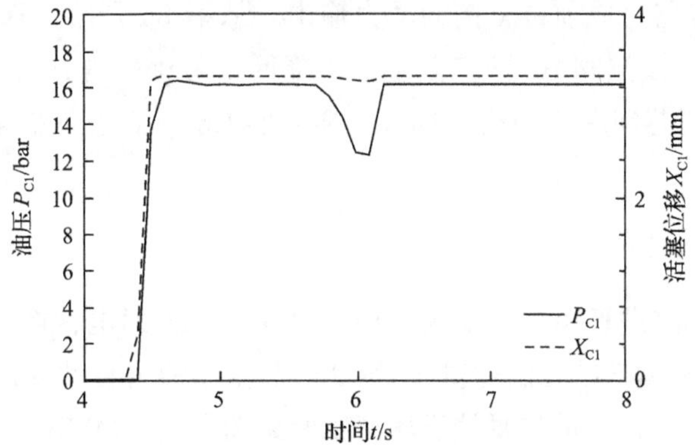

(b) 离合器C1的油压与活塞位移变化

图5.21　前进Ⅰ挡换挡阀H1与离合器C1的仿真结果

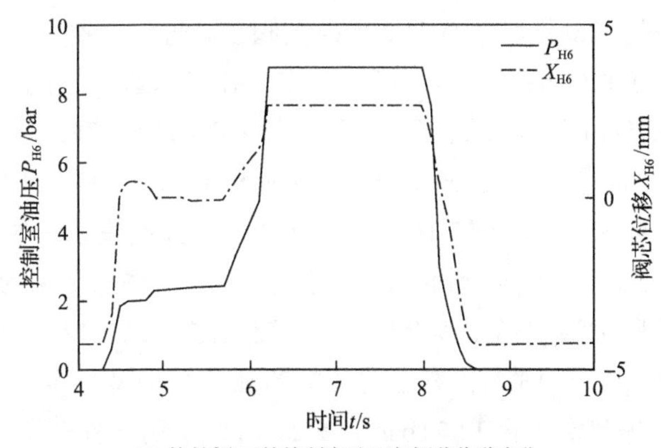

(a) 换挡阀H6的控制室油压与阀芯位移变化

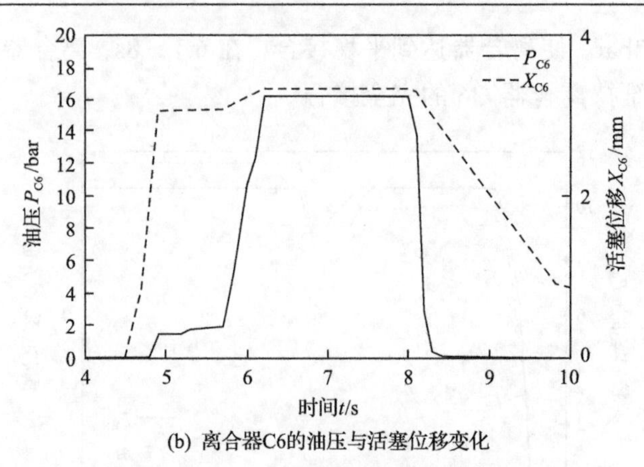

(b) 离合器C6的油压与活塞位移变化

图 5.22　前进Ⅰ挡换挡阀 H6 与离合器 C6 的仿真结果

综上所述，在 4～8s，根据所设定的换挡逻辑，离合器 C1 与 C6 接合，重型液力自动变速器完成前进Ⅰ挡的动力输出。从第 8s 开始，TCU 断开电磁阀 PCS2 脉冲信号，换挡阀 H6 的控制室油压降低，在 0.3s 内 P_{C6} 由 16.12bar 快速降至 0.14bar，阀芯向左移动约 7.1mm，离合器 C6 的活塞向左移动，实现离合器 C6 的脱离。

5.4.3　前进Ⅲ挡的性能

如前所述，前进Ⅲ挡挡位下仅换挡电磁阀 PCS3 通电，换挡离合器 C1 与 C4 实现接合，根据换挡控制逻辑表(表 3.4)和重型液力自动变速器液压系统的原理图(图 3.9)，可建立前进Ⅲ挡逻辑液压回路图及其 AMESim 仿真模型，分别如图 5.23 和图 5.24 所示。为分析前进Ⅲ挡动力换挡性能，设定 12～16s 自动变速器处于前进Ⅲ挡工况。

图 5.25 和图 5.26 分别为前进Ⅲ挡换挡阀 H1 与离合器 C1 以及换挡阀 H4 与离合器 C4 的仿真结果。由两图可以看出，在进入Ⅲ挡初期，离合器 C1 的油压 P_{C1} 存在一定程度的波动，但其活塞位移依旧保持在最右端，即离合器 C1 处于完全接合状态；因电磁阀 PCS3 处于通电状态，控制油压经电磁阀 PCS3 后，再经逻辑阀 L15 和逻辑阀 L16 流入换挡阀 H4 控制室，并逐渐建立起油压，当换挡阀 H4 控制油压 P_{H4} 达到 8.71bar 时，其阀芯位移至右端约 3.1mm 处，在此过程中，主油路油液接通至离合器 C4 的液压缸；12～12.2s 为离合器 C4 初期充油阶段，在 12.2～13.7s，离合器 C4 的油压缓慢增长至 5.74bar，随后的 0.5s 内油压 P_{C4} 快速增长至 13.71bar，15.2s 后处于高压保持阶段，离合器 C4 的活塞位移达到最大，约 3.29mm。

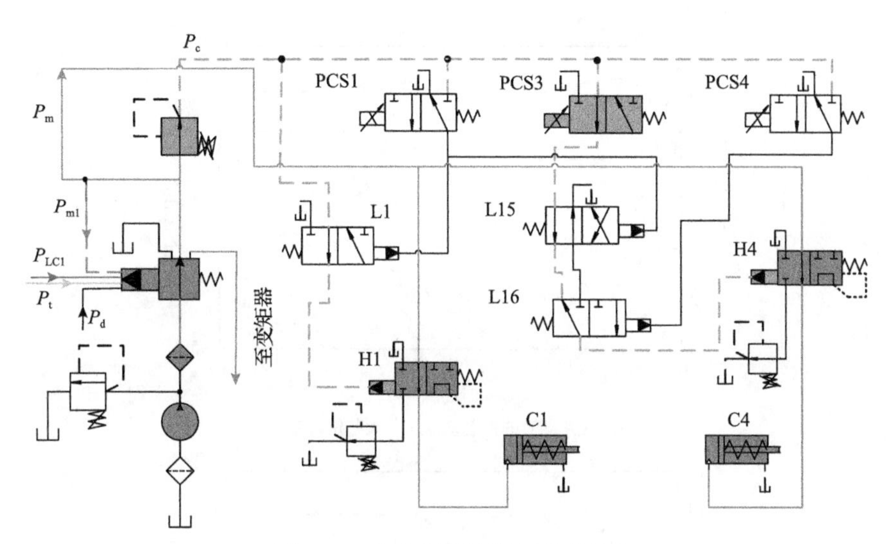

图 5.23　前进Ⅲ挡逻辑液压回路图

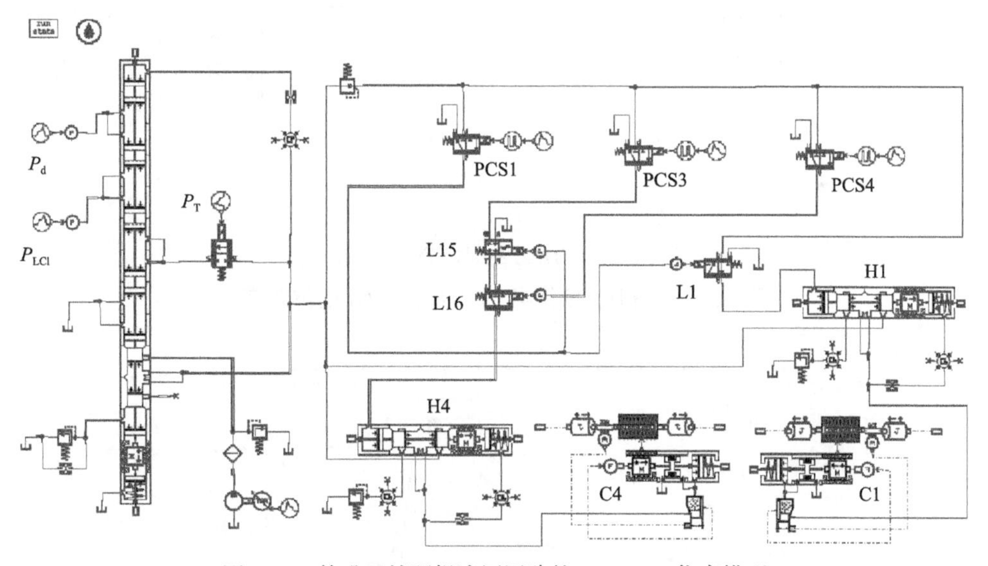

图 5.24　前进Ⅲ挡逻辑液压回路的 AMESim 仿真模型

综上所述，在 12～16s，根据所设定的换挡逻辑，离合器 C1 与 C4 接合，重型液力自动变速器完成前进Ⅲ的动力输出。在第 16s 后，电磁阀 PCS3 被断开，换挡阀 H4 控制室油液被此电磁阀截断，阀芯向左移动，主油液被截断，从而离合器 C4 的油压 P_{C4} 在 16.4s 时降低至 0.19bar，离合器 C4 完成脱离。

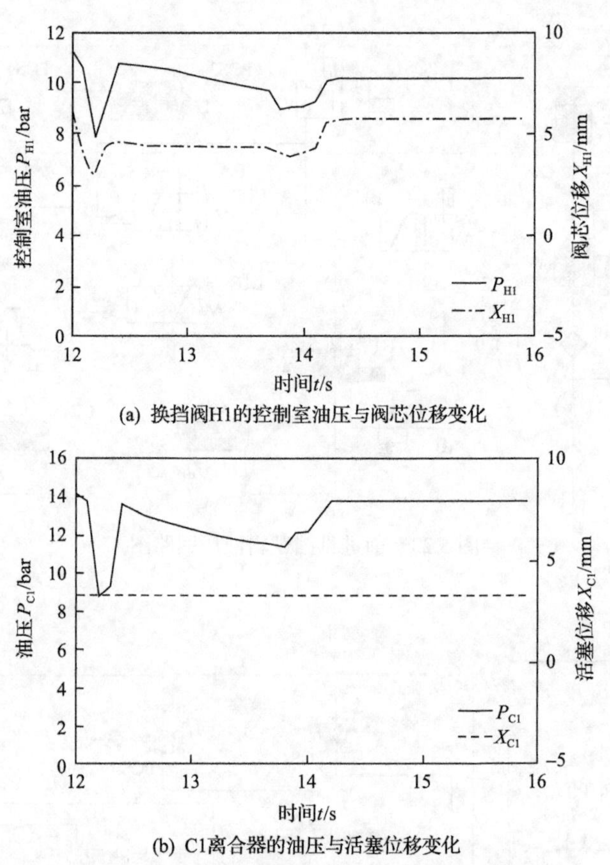

(a) 换挡阀H1的控制室油压与阀芯位移变化

(b) C1离合器的油压与活塞位移变化

图 5.25　前进Ⅲ挡换挡阀 H1 与离合器 C1 的仿真结果

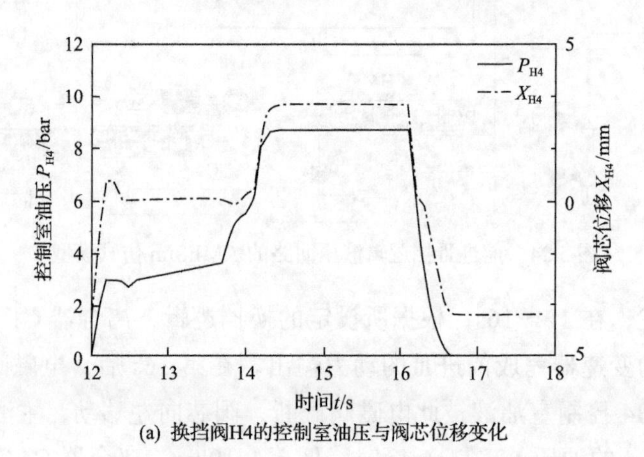

(a) 换挡阀H4的控制室油压与阀芯位移变化

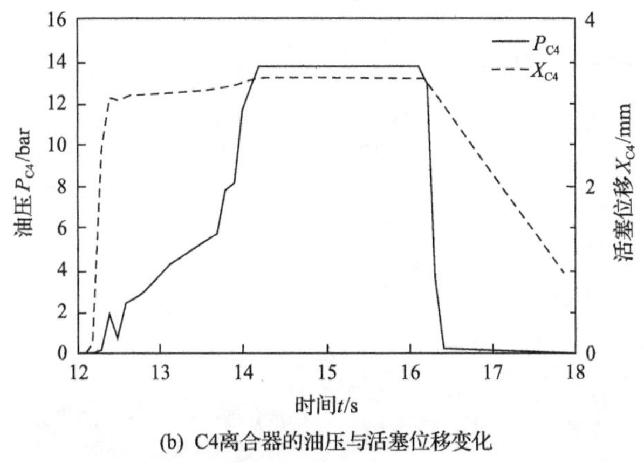

(b) C4离合器的油压与活塞位移变化

图 5.26　前进Ⅲ挡换挡阀 H4 与离合器 C4 的仿真结果

5.4.4　前进Ⅶ挡的性能

如前所述，前进Ⅶ挡挡位下换挡电磁阀 PCS1、PCS3 与 PCS4 通电，换挡离合器 C2 与 C4 接合，根据换挡控制逻辑表(表 3.4)和重型液力自动变速器液压系统的原理图(图 3.9)，可建立前进Ⅶ挡逻辑液压回路图及其 AMESim 仿真模型，分别如图 5.27 和图 5.28 所示。为分析前进Ⅶ挡动力换挡性能，设定 28～32s 自动变速器处于前进Ⅶ挡工况。

图 5.29 和图 5.30 分别为前进Ⅶ挡换挡阀 H2 与离合器 C2 以及换挡阀 H4 与离合器 C4 的仿真结果。由两图可以看出，在前进Ⅶ挡挡位下，换挡电磁阀 PCS1、PCS3 以及 PCS4 处于通电状态，达到稳定时，离合器 C2 的液压

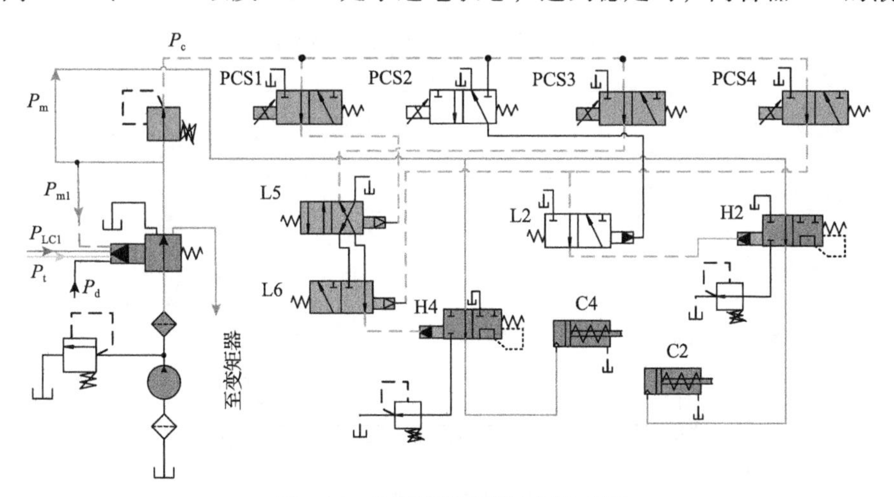

图 5.27　前进Ⅶ挡逻辑液压回路图

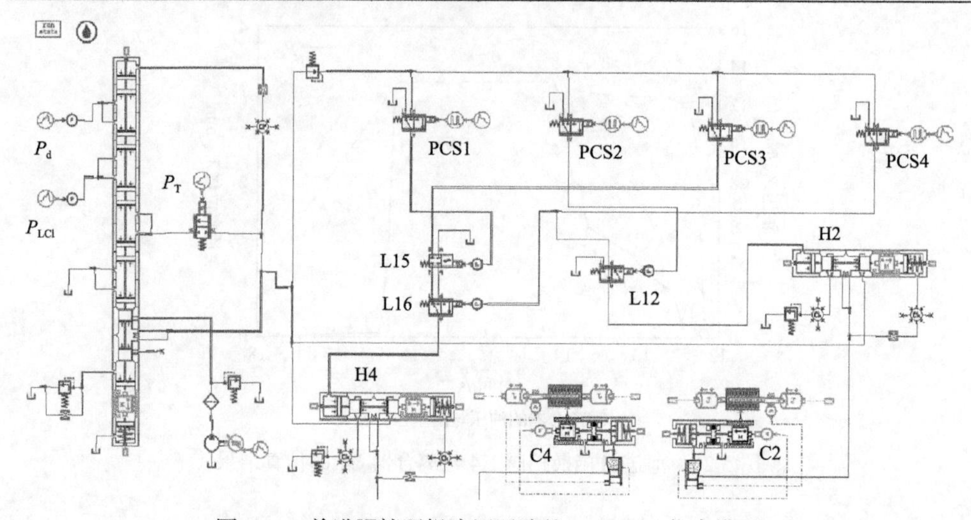

图 5.28　前进Ⅶ挡逻辑液压回路的 AMESim 仿真模型

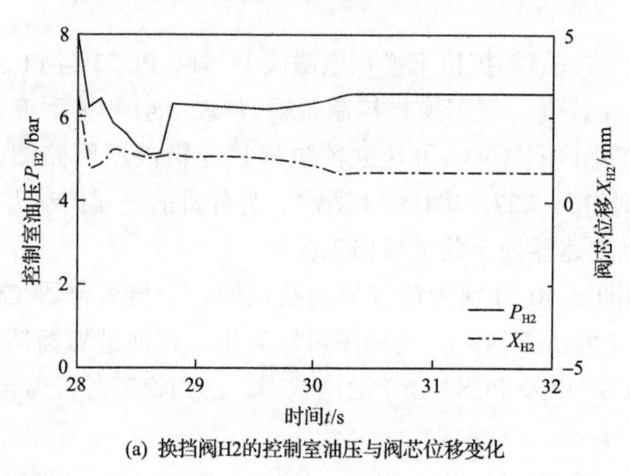

(a) 换挡阀H2的控制室油压与阀芯位移变化

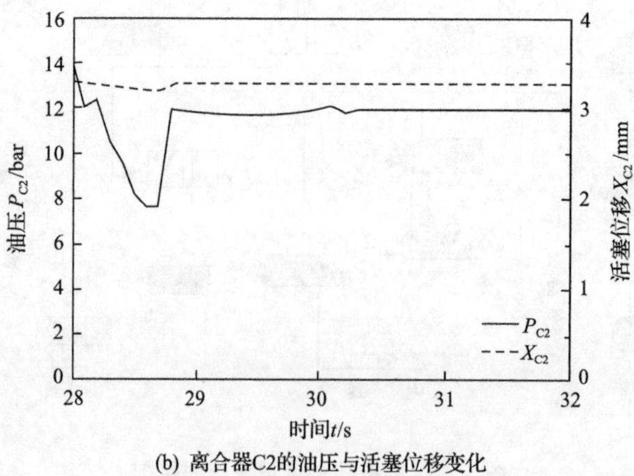

(b) 离合器C2的油压与活塞位移变化

图 5.29　前进Ⅶ挡换挡阀 H2 与离合器 C2 的仿真结果

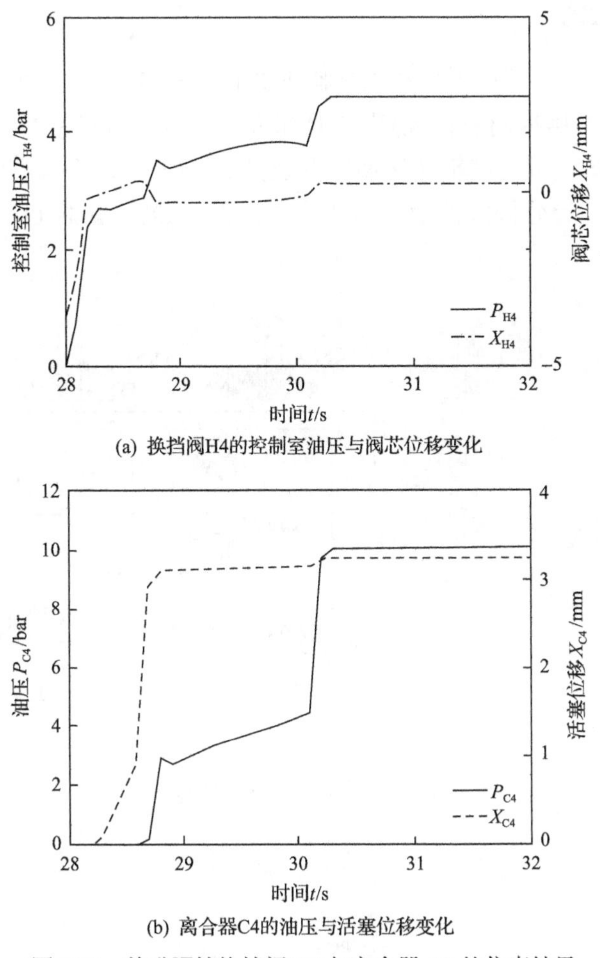

(a) 换挡阀H4的控制室油压与阀芯位移变化

(b) 离合器C4的油压与活塞位移变化

图 5.30　前进Ⅶ挡换挡阀 H4 与离合器 C4 的仿真结果

缸油压为 11.75bar；经电磁阀 PCS3 的控制油液流经逻辑阀 L15 和逻辑阀 L16 后进入换挡阀 H4 的控制室，使换挡阀 H4 控制室油压逐渐增大。离合器 C4 的油压变化过程可分为四个阶段：①在 28～28.9s，离合器 C4 处于初期充油阶段；②在 28.9～30.1s，油压由 2.71bar 缓慢上升至 5.48bar，即处于低压保持阶段；③在 30.1～30.3s，其油压 P_{C4} 快速增长至 10.07bar，阀芯位移 X_{H4} 为最大位移 3.23mm，离合器 C4 实现完全接合；④离合器 C4 处于高压保持阶段，维持离合器 C4 的完全接合。

综上所述，在 28～32s，根据所设定的换挡逻辑，离合器 C2 与 C4 接合，重型液力自动变速器完成前进Ⅶ挡的动力输出。

5.4.5　倒挡的性能

如前所述，倒挡挡位下换挡电磁阀 PCS1 与 PCS2 通电，换挡离合器 C3 与 C5 接合，根据换挡控制逻辑表(表 3.4)和重型液力自动变速器液压系统的原理图(图 3.9)，可建立倒挡逻辑液压回路图及其 AMESim 仿真模型，分别如图 5.31 和图 5.32 所示。为分析倒挡动力换挡性能，设定 100～104s 自动变速器处于倒挡工况。

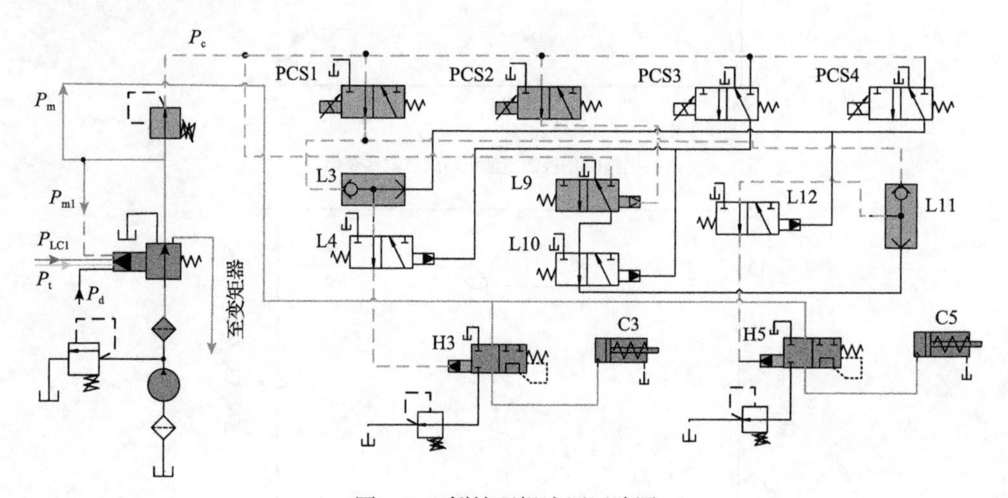

图 5.31　倒挡逻辑液压回路图

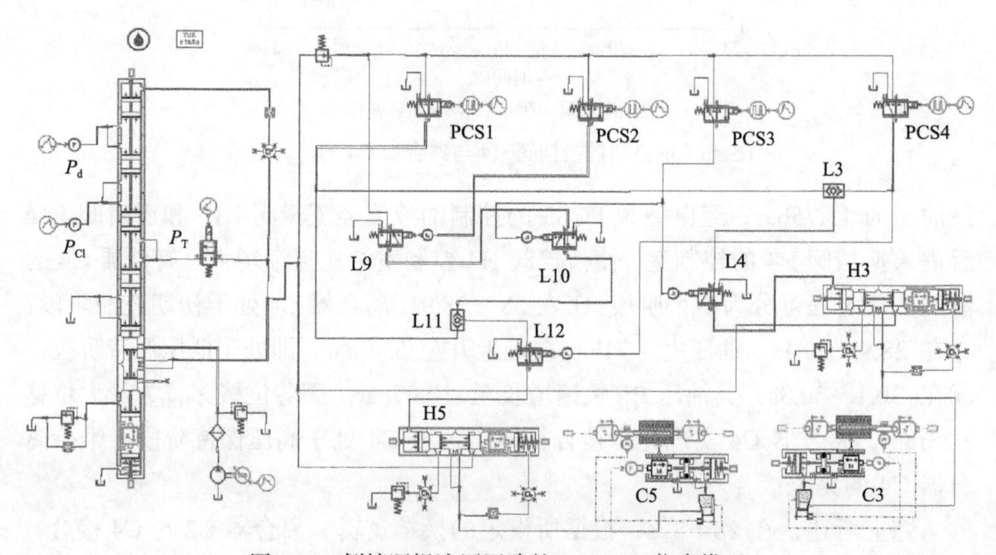

图 5.32　倒挡逻辑液压回路的 AMESim 仿真模型

图 5.33 和图 5.34 分别为倒挡换挡阀 H3 与离合器 C3 以及换挡阀 H5 与离合器 C5 的仿真结果。由两图可以看出，在倒挡挡位下，经过电磁阀 PCS1 的控制油液一路经逻辑阀 L11 和 L12 后进入换挡阀 H5 的控制室，建立起油压，推动换挡阀 H5 的阀芯右移，进而接通主油液进入离合器 C5 的液压缸，另一路经逻辑阀 L3 和 L4 后进入换挡阀 H3 的控制室，建立起油压，克服换挡阀 H3 的复位弹簧力，并接通主油液进入离合器 C3 液压缸。离合器 C3 与 C5 的油压变化过程可分为四个阶段：①在 100～100.8s，处于初期充油阶段；②在 100.8～102.1s，处于低压保持阶段；③在 102.1～102.3s，处于快速增压阶段；④在 102.3～104s，处于高压保持阶段。两者的不同之处为：在高压保持阶段，离合器 C3 液压缸的油压为 18.82bar，而离合器 C5 液压缸的油压为 20.25bar。

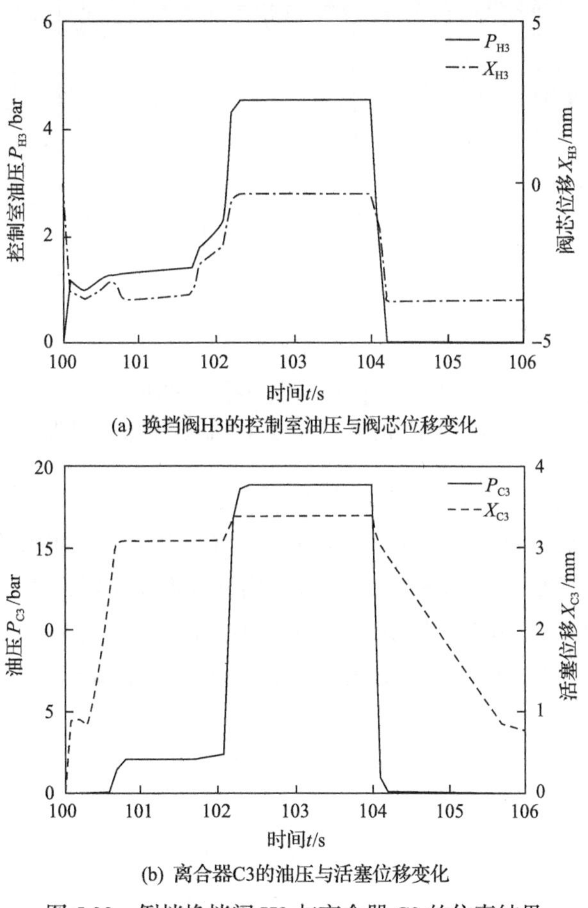

(a) 换挡阀H3的控制室油压与阀芯位移变化

(b) 离合器C3的油压与活塞位移变化

图 5.33　倒挡换挡阀 H3 与离合器 C3 的仿真结果

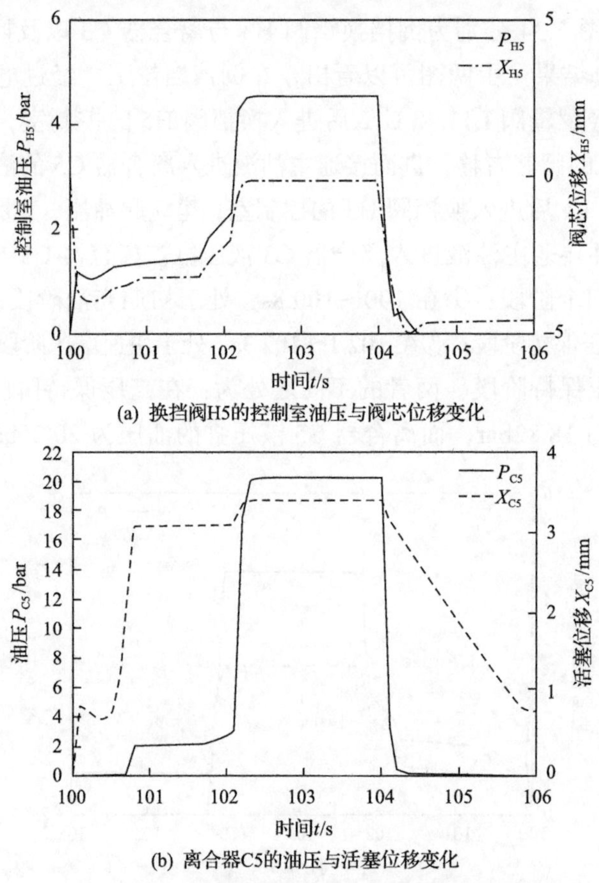

(a) 换挡阀H5的控制室油压与阀芯位移变化

(b) 离合器C5的油压与活塞位移变化

图 5.34　倒挡换挡阀 H5 与离合器 C5 的仿真结果

综上所述，在 100～104s，根据所设定的换挡逻辑，离合器 C3 与 C5 接合，重型液力自动变速器完成倒挡的动力输出。在 104s 后，电磁阀 PCS3 接通信号，流经电磁阀 PCS3 的控制油液进入逻辑阀 L4 和逻辑阀 L14 控制室，阻断控制油液再流入换挡阀 H3 和换挡阀 H4 控制室，进而截断主油液进入离合器 C3 与离合器 C5 的液压缸，在 105.3s 时油压 P_{C3} 和 P_{C5} 降低至 0.15bar，完成离合器的脱离。

第 6 章　重型液力自动变速器液压系统印刷油路及其浇排系统的设计

目前，液压系统油路的连接形式可分为管道连接和无管道连接两种[95]。管道连接即通过油管和管接头将各个液压元件连接起来，从而形成液压回路；无管道连接即不存在外部油管，将液压元件集成在一块阀板上，通过在阀板上开设油路从而连接各元件形成液压回路，液压集成块及印刷油路是无管道连接的典型代表。无管道连接不存在外接油管，油道整齐规范，因此被大量应用，但随着液压系统的复杂化，集成阀块的制造难度增大，若设计考虑不周，则会带来制造困难、成本高昂等一系列问题，油道的封闭性也会造成后期的维护极其烦琐[96]。在重型液力自动变速器中，一般采用印刷油路的无管道连接形式。

6.1　液压系统印刷油路的布局及设计

图 3.9 所示的重型液力自动变速器液压系统按功能可分为四大模块，即主调压系统模块、闭锁控制系统模块、冷却润滑系统模块以及换挡控制液压系统模块。其中，主调压系统模块为整个液压系统提供液压油，并根据不同工况下的反馈油压进行自我调节，其主要由主调压阀、主模式电磁阀、控制压力调节阀以及安全阀等组成；闭锁控制系统模块的主要功用是完成闭锁离合器的闭锁或解锁，其主要由液力变矩器、变矩器流量调节阀、变矩器油压调节阀、TCC 闭锁电磁阀以及变矩器闭锁阀组成；冷却润滑系统模块用于完成运动元件的冷却与润滑，进而提高变速器的整体工作性能，其主要由冷却器、润滑过滤器以及润滑油压调节阀组成；换挡控制液压系统模块根据行驶工况和驾驶人员的操作意图，按照所设定的换挡规则控制电磁阀的通断电，最终实现挡位切换，其主要由蓄能器、换挡电磁阀、逻辑阀、换挡阀、离合器、诊断阀、背压阀、开关电磁阀以及锁止阀组成。重型液力自动变速器液压系统印刷油路板将这四大模块的液压元件集成在一起，各液压元件之间的油路以印刷油路的形式进行连接。

在正常连接各元件的基础上，印刷油路以印刷油板的整体尺寸最小为设计准则。液压元件的布局设计即对印刷油路上集成的液压元件布置位置及布置方式进行设计，液压元件的布局是印刷油路板设计的核心技术之一，不合理的元件布局不仅会给后期油道的开设增加困难，严重时还会导致油道无法开设完成，而且会降低变速器的工作效率。图 3.9 所示的重型液力自动变速器液压系统需要集成在印刷油路上的液压元件共计 38 个，若将所有元件集成在一块板上，不仅会使得印刷油路的外形尺寸较大，进而导致变速器整体尺寸增大，而且油道的开设路线也会相当复杂，综合考虑之下，决定采用四层板结构，板上开设油道连接各元件，各板油道之间通过隔板隔开，并开设必要的孔洞使相应油道之间相互连通。

印刷油路板及隔板之间的布置结构如图 6.1 所示。四层板包括上层板、中上层板、中下层板和下层板，它们之间用三块隔板隔开。上层板用于集成逻辑阀 L6～L9、L12，主模式电磁阀，TCC 闭锁电磁阀，诊断阀，变矩器闭锁阀以及换挡电磁阀 PCS1～PCS4 等，又称为电磁阀体，元件横向布置于阀板四侧，以便于油道的开设。中上层板集成换挡阀 H1～H6，逻辑阀 L1～L5、L10、L11，以及开关电磁阀 SS2，元件均采用横向布置，又称为逻辑阀体。中下层板用于集成变矩器流量阀、变矩器压力调节阀、主调压阀、锁止阀、背压阀、润滑油压调节阀、控制压力调节阀以及开关电磁阀 SS1，元件均采用横向布置，又称为主阀体。下层板主要用于连通主阀体部分油路、集成油泵、固定电磁阀体、逻辑阀体以及主阀体，并通过螺栓与变速器壳体相连，又称为印刷油路板。三块隔板用于隔开四块油路板，其中一块隔板用于隔开电磁阀体和逻辑阀体，称为电磁阀体隔板；一块隔板用于隔开逻辑阀体和主阀体，称为逻辑阀体隔板；还有一块用于隔开主阀体、印刷油路板以及变速器，称为主阀体隔板。

图 6.1　印刷油路板及隔板布置结构示意图

逻辑阀体元件的布局，首先确定换挡电磁阀 PCS1～PCS4、主模式电磁阀、TCC 闭锁电磁阀、诊断阀以及变矩器闭锁阀的位置，若将所有的逻辑阀及换挡阀都集成在逻辑阀体上，势必造成逻辑阀体整体尺寸较大，因此选择部分逻辑阀集成在电磁阀体上。根据图 6.2 所示的液压元件连接关系简化示意图，选择与换挡电磁阀 PCS2 有直接连接关系的逻辑阀 L7、L9 以及与换挡电磁阀 PCS4 有直接连接关系的逻辑阀 L6、L8、L12 共五个集成在电磁阀体上，设计的电磁阀体液压元件布局如图 6.3 所示。

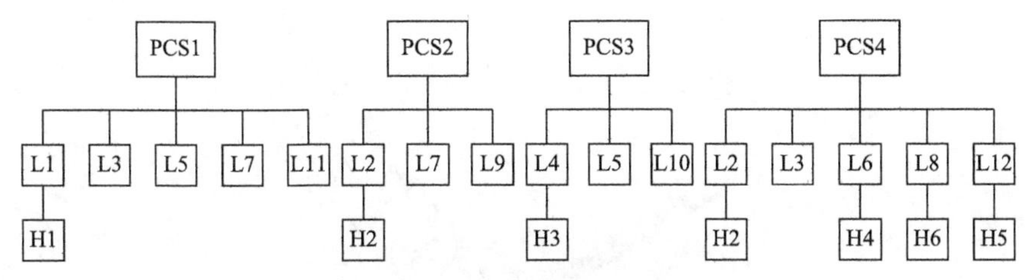

图 6.2　液压元件连接关系简化示意图

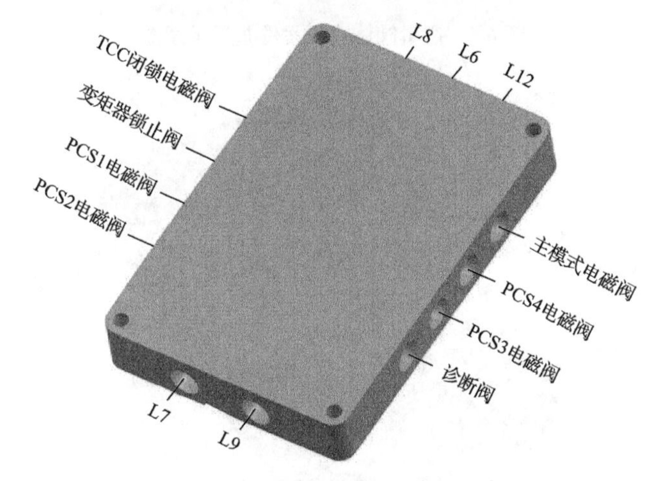

图 6.3　电磁阀体液压元件布局示意图

接着分别对逻辑阀体上需集成的逻辑阀及换挡阀的布局进行设计，由于逻辑阀体在电磁阀体的下一层，根据图 6.2，遵循就近原则将有连接关系的元件就近布局设计，设计的逻辑阀体液压元件布局如图 6.4 所示。同理可得主阀体上集成的液压元件布局示意图如图 6.5 所示。印刷油路板的轮廓尺寸需根据与其相连的变速器壳体尺寸进行确定，其上集成了两个油泵，采用竖直放置。

印刷油路结构及布局完成后，需要对各板上的油道进行设计，由于油道开设没有固定的方法，大多采用试错法进行设计，即按照一定的顺序逐条开设油道，后续油道无法避免交叉时需返回进行先前油道的修改，这种方法大大增加了油道的开设工作。为此，采用由近及远的油道开设顺序进行油道设计，即先开设流程较近的油道，再开设流程较远的油道，从而避免油道开设的复杂化。同一块阀板上液压元件的连通采用油道连通的方式进行设计，不同阀板之间的

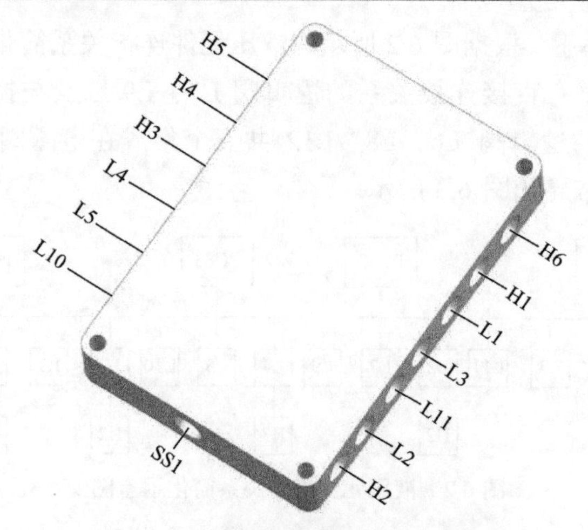

图 6.4 逻辑阀体液压元件布局示意图

图 6.5 主阀体液压元件布局示意图

液压元件连通采用隔板连通形式，只需在相应的隔板部位开设孔洞，连接相应回路，没有连接关系的回路用隔板隔开，互不干扰。

油道开设前，需要根据液压元件的尺寸大小开设元件放置孔洞，进而确定阀板的外形尺寸，电磁阀体正面用于油道的开设，其背面为变速器接触面，背面开设多处孔洞，作为变速器液压油的进出口，背面不开设油道。若该阀体上的液压元件存在连通关系，则其油道直接开设在阀板正面，且油道开设顺序为先开设流程较近的油道，再开设流程较远的油道；若电磁阀体上集成的液压元件与其他阀体上集成的液压元件存在连通关系，则在电磁阀体隔板的相应部位开设油孔，此部位的液压油通过油孔流入相应位置。接着在逻辑阀体上开设油道，逻辑阀体正面用于集成元件的油道连接回路，背面用于完成电磁阀体上未完成的油路开设，主阀体亦是如此。然后在印刷油路板上侧开设主阀体上未完成连通的油道，在后侧壁面开设两个冷却油的进出口，正面开设油泵的集成孔，进而完成印刷油路的布局及设计工作。最后将设计完成的所有阀体及隔板进行装配，得到印刷油路板的整体装配图，如图 6.6 所示。

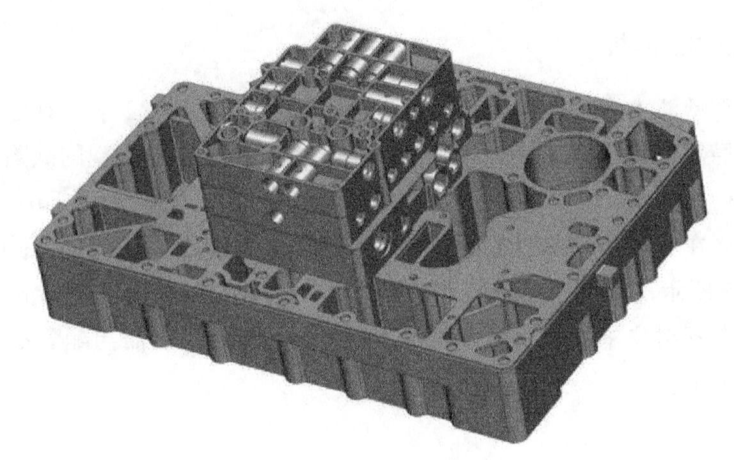

图 6.6　印刷油路板装配图

6.2　液压系统印刷油路压铸浇排系统的设计

目前，国内企业在对重型液力自动变速器液压系统的印刷油路板进行铸造生产时，其铸造合格率非常低，这不仅造成材料的极大浪费，而且使得企业制造成本居高不下。为解决此问题，引入一种更加高效且精密的成型技术，该技术已成为目前印刷油路板生产的迫切需求。压铸是一种在高速及高压下将熔融金属液注入模具并在高压下冷却成型的精密成型工艺，广泛应用于汽车及航空航天铝硅合金零件的成型领域，该工艺具有以下特点[97-99]：

(1)生产效率高；

(2)尺寸精度及表面光洁度良好；

(3)能够大量经济生产；

(4)能够制造形状复杂和薄壁铸件；

(5)晶粒组织即金属结晶后形成外形不规则的晶体，力学性能好。

将压铸工艺应用于印刷油路的生产是可行的，在保证生产效率的前提下，压铸工艺参数的优化给压铸缺陷的控制提供了可能[100-102]。

针对重型液力自动变速器液压系统这种复杂的印刷油路，每块阀板都会有相应的压铸成型工艺，不同阀板之间的压铸成型工艺大同小异。本节以图 6.6 中尺寸最大且结构最为复杂的印刷油路下层板为研究对象，对该印刷油路板的压铸成型工艺设计及优化过程进行阐述，其他阀板的压铸成型工艺及优化过程可参考下层板进行。

6.2.1　压铸性能分析

在对重型液力自动变速器液压系统印刷油路进行压铸工艺设计之前，需要对其进行局部位置的改进设计，从而减少其在压铸过程中出现的缺陷。当然，铸件的结构改进需要在保证铸件功能不受影响的前提下进行，本印刷油路的改进设计主要在其转角处增设了圆角，并对局部壁厚进行了调整，绘制的优化模型如图 6.7 所示。模型中螺纹孔均未绘出，由于印刷油路与变速器壳体存在连接关系且有密封要求，在压铸过程中，螺纹孔均未铸出，需与配套零件进行后续的配合加工。

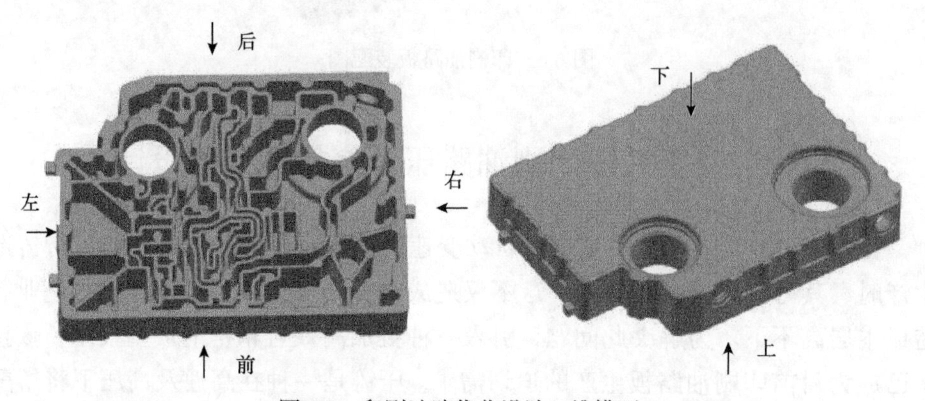

图 6.7　印刷油路优化设计三维模型

重型液力自动变速器液压系统印刷油路属于大型复杂类压铸件，外形轮廓尺寸为 550mm×400mm×85mm，质量达 18.3kg。图 6.8 为印刷油路的壁厚分析示意图。由图可知，油道壁厚为 5mm，底面厚度为 6mm，最大壁厚为 24mm，铸件公差遵循《铸件 尺寸公差、几何公差与机械加工余量》(GB/T 6414—2017)标准的 DCTG6。

铝合金因具有密度小、比强度高、耐腐蚀、热稳定性好、机械加工性能好、回收再生性能稳定、回收效率高以及成本低等优点[103]，成为目前最常用的压铸合金之一。该印刷油路板的压铸材料选用 AlSi10Mg 合金，属于 Al-Si 类合金，表 6.1 给出了该合金的化学成分及占比，该合金的固相线温度为 571.3℃，液相线温度为 593.7℃，固相线与液相线温差适中，能够有效避免凝固过程中出现夹渣。

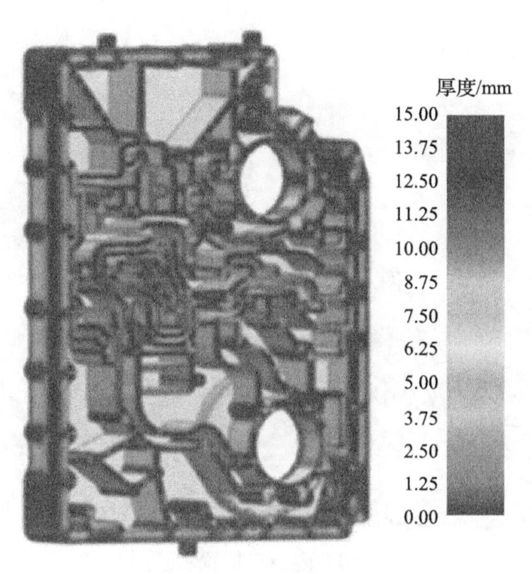

图 6.8　印刷油路壁厚分析示意图

表 6.1　AlSi10Mg 合金化学成分

元素	Si	Mg	Cu	Fe	Mn	Ni	Sn	Zn	Ti	Al
质量分数/%	10	0.35	0.08	0.45	0.45	0.05	0.05	0.1	0.15	余量

6.2.2　分型面及内浇口位置的确定

压铸件分型面是压铸模具动模与定模的结合面，分型面的位置应尽量选在压铸件最大轮廓处，从而使压铸件在开模后留在动模侧以便脱膜，这样有利于浇注系统及排溢系统的布置，简化模具结构，便于模具的机械加工，避免使用定模抽芯机构，在一定程度上保证压铸件的尺寸精度及表面质量[104]。该印刷油路板的最大轮廓尺寸位于三个顶扣所在截面，但考虑到浇口位置的布置，将分型面选定在板面的上平面处，分型面位置示意图如图 6.9 所示，油路板上侧为动模侧，下侧为定模侧。

内浇口是熔融金属液以一定速度、压力和时间充填模具型腔的最后通道，是形成最佳流动状态的结构[105]。内浇口位置应尽量布置在分型面上，这样有利于模具的开模。该印刷油路板后侧壁面存在冷却油口，需要设置侧面抽芯机构开模，不利于布置内浇口，而左右侧总截面积较小，对于该印刷油路板这样的大型压铸件，需要较大的内浇口截面积，不适合在左右侧布置内浇口，将内浇口位置布置在前侧壁面为最佳的选择，内浇口位置如图 6.10 所示。

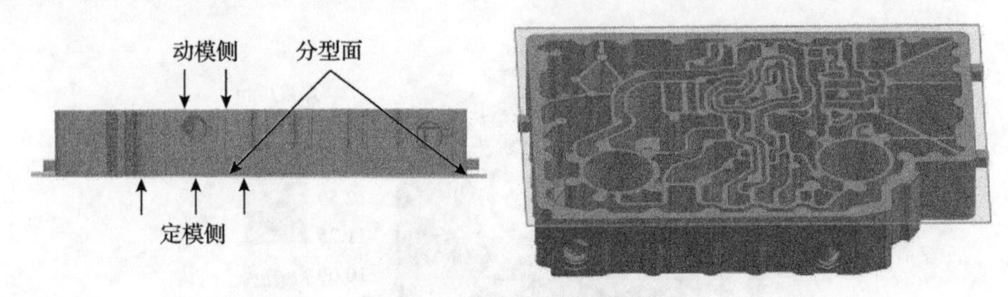

图 6.9　分型面位置示意图

图 6.10　内浇口位置示意图

6.2.3　浇注系统的设计

浇排系统包括浇注系统和排溢系统。其中，浇注系统直接决定金属熔体进入型腔的位置、次序、方向以及金属液在型腔中的流动状态。浇注系统的合理设计是获得无铸造缺陷铸件的重要保证，它包括内浇口、横浇道、直浇道(浇口套或料炳)的设计[106]。

1) 内浇口的设计

内浇口位置选定之后，需要确定内浇口的截面尺寸及金属液体的流动方向，内浇口的截面积采用流量计算法计算，计算公式为

$$A = \frac{G}{\rho v t} \tag{6.1}$$

式中，A——内浇口截面积；

G——通过内浇口金属液的质量；

ρ——金属液密度；

v——内浇口处金属液的流速；

t——型腔的填充时间。

AlSi10Mg 合金液的密度为 2.45g/cm^3，通过内浇口的金属液即填充铸件型腔及溢流槽和排气道的总金属液，一般取铸件体积的 120%，计算得到通过内浇口金属液的质量为 21960g，初选金属液内浇口速度为 50m/s，填充时间为 0.2s。

通过计算得知，内浇口截面积为 896.3mm^2，取整为 896mm^2。影响内浇口尺寸的因素有很多，所以设计方案也有很多，根据压铸件的外形和结构特点以及金属液填充的流向，内浇口的基本类型[107]可分为以下几种：

(1) 扁平侧浇口，最常见的内浇口形式，特别是针对平板形的压铸件。

(2) 端面侧浇口，针对盒类或环状压铸件的内浇口类型，该浇口截面形状简单，易于加工，并可根据金属液的流动状态随时调整内浇口尺寸，以改善压射条件。

(3) 梳状内浇口，侧浇口的一种特殊形式，在框状、格形、多片形和多孔形的压铸件中应用广泛。

(4) 切向内浇口，中小型环形压铸件多采用的内浇口形式，避免金属液对型芯的直接冲击。

(5) 环形内浇口，多在深腔及管状压铸件上应用。

(6) 中心内浇口，适用于压铸件的几何中心带有通孔的形状。

重型液力自动变速器印刷油路属于盒类压铸件，内浇口类型选定为端面侧浇口，内浇口的布置形式如图 6.11 所示。图中箭头方向为金属液的流动方向，首先压室内的金属液在压射冲头作用下进入直浇道，接着进入横浇道，待整个浇注系统型腔充满后，金属液通过狭窄的内浇口进入模具型腔，完成充型。

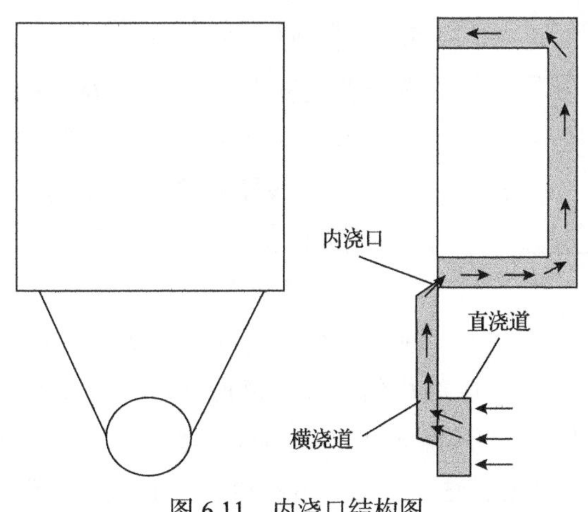

图 6.11　内浇口结构图

内浇口截面积及类型确定后，需要确定其厚度，进而计算宽度。内浇口各部分尺寸示意图如图 6.12 所示。图中，h_1 为内浇口厚度，h_2 为横浇道厚度，t 为压铸件厚度，r_1 为横浇道出口外圆角半径，r_2 为横浇道底部圆角半径，各变量应满足 $h_1 > 2h_2$，$r_1 = h_1$，$r_2 = h_2/2$。对于壁厚且复杂的压铸件，内浇口厚度可稍取大些，取内浇口厚度 h_1 为 3mm，内浇口宽度取整为 300mm。

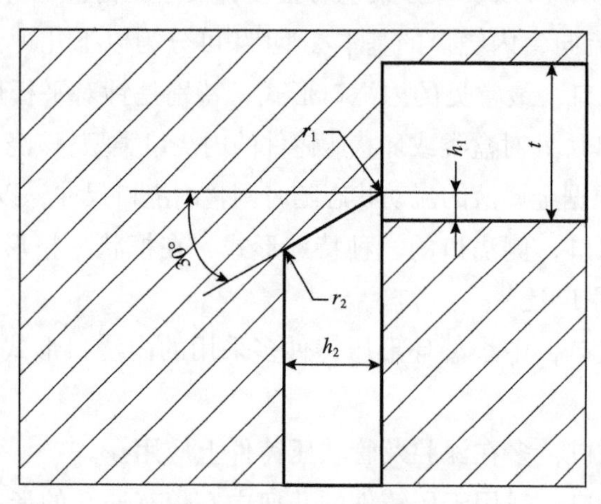

图 6.12　内浇口尺寸示意图

2) 横浇道的设计

横浇道截面积应保持均匀，避免出现突然增大或减小的情况，以免涡流的产生，金属液进入横浇道处的截面积需大于内浇口面积，这样能够保证金属液在横浇道内的充满度及内浇口速度。

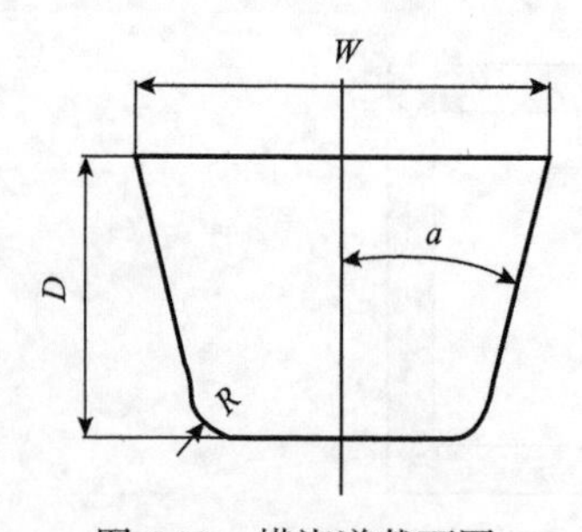

图 6.13　横浇道截面图

横浇道的截面图如图 6.13 所示，横浇道深度 D 取内浇口厚度的 5～8 倍，此处取 5 倍，为 15mm，横浇道宽度 W 取内浇口宽度的 40%～60%，此处取 60%，为 180mm，横浇道底部圆角半径 R 一般取 3mm，拔模斜度 a 取 10°。

印刷油路压铸件宜采用多流道的横浇道，一方面多流道能够避免单流道浇口中出现的内浇口速度不均匀的问题，另一方面多流道浇注覆盖面更广泛，有效地保证了型腔的均匀填充。每道浇道内浇口对应的宽度取值需根据相对应的填充体积进行确定，按对应的填充体积，各内浇口宽度分别为 55mm、45mm、60mm、55mm、45mm 和 40mm，浇注系统的形状及尺寸如图 6.14 所示，料筒直径取 150mm，料炳拔模斜度取 5°，料炳厚度取 50mm。

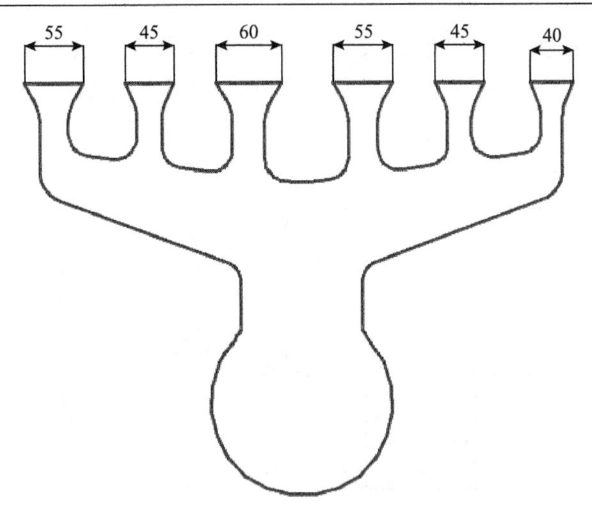

图 6.14　浇注系统形状及尺寸图(单位：mm)

6.2.4　排溢系统的设计

排溢系统和浇注系统是相互关联的，它们在型腔填充过程中是一个不可分割的整体。排溢系统是熔融金属液在充填型腔过程中，除了气体、冷污金属液及氧化夹渣的通道和存储器，包括溢流槽和排气道两部分。

1) 溢流槽的设计

溢流槽是冷污金属液及氧化夹渣的存储器，它对消除某些压铸缺陷起非常重要的作用。溢流槽一般设计在分型面上、型腔内以及防止金属液倒流的位置，其设计要点[108]如下：

(1) 设置在金属液最初冲击处；

(2) 设置在两股金属流汇合处；

(3) 布置在型腔周围；

(4) 设置在压铸件的厚实部位处；

(5) 设置在容易出现涡流处；

(6) 设置在模具温度降低的位置；

(7) 设置在内浇口两侧的死角处；

(8) 设置在排气不畅的部位。

溢流槽的形状大致可分为两种，第一种为圆形溢流槽，该种溢流槽拔模斜度较大，便于脱膜，但容积较小，效率不高；第二种为方形溢流槽，该种溢流槽拔模斜度较小，能够容纳更多的夹渣金属液。本印刷油路板整体体积较大，宜选用容积更大的方形溢流槽，设计的溢流槽各部分形状及尺寸如图 6.15 所示，溢流槽沿压铸件除设置浇注系统外其他三侧均匀布置。

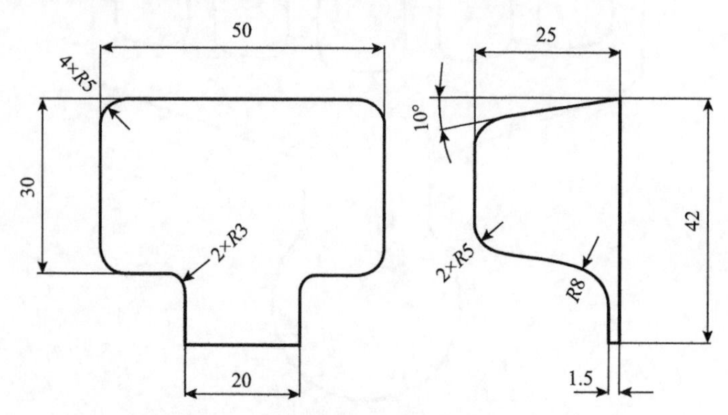

图 6.15　溢流槽形状及尺寸(单位：mm)

2) 排气道的设计

排气道是排出型腔内气体的通道，是排除压铸件气孔及缩孔缺陷的重要因素。排气道连接溢流槽与外界，气体通过溢流槽经过排气道排出型腔，排气道通常开设在分型面上且需要设置成曲折形状，防止金属液填充型腔时通过排气道喷出模具伤人，排气道深度在 0.1mm 左右，且在末端需要设置排气板用以存储通过排气道流出的金属液，在此，选用深度为 0.1mm的曲折形排气道，末端设置波浪形排气板。

综上所述，设计的重型液力自动变速器印刷油路浇排系统的结构如图 6.16 所示。

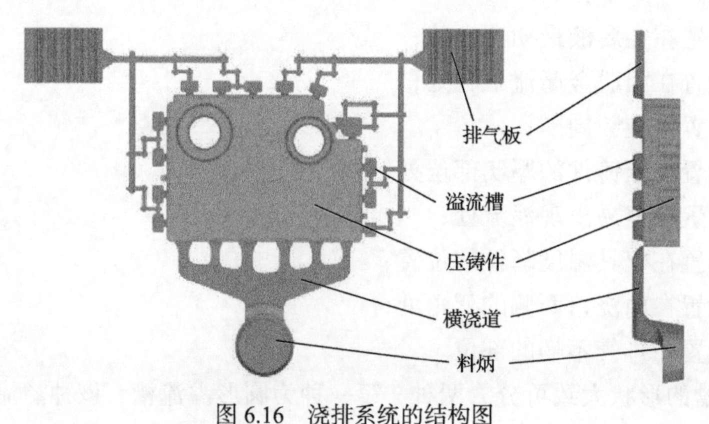

图 6.16　浇排系统的结构图

第7章　重型液力自动变速器液压系统印刷油路压铸数值模拟及参数优化

压铸工艺参数是用以约束压铸过程的一些参数，包括压铸机相关设定参数、压铸合金相关参数以及压铸模具相关参数，它是连接压铸机、压铸合金以及压铸模具三要素的重要纽带，主要包括压力、速度、温度和时间等。压铸工艺参数对压铸件的成型质量有直接的影响，在压铸生产中占据着重要的地位。

7.1　液压系统印刷油路压铸工艺参数的初步确定

7.1.1　压射比压

压铸工艺的两大特征为高压和高速，压力在压铸生产中扮演着很重要的角色，对压力的严格控制是获得优良压铸件的重要保障，压力可具体分为压射力、压射比压以及胀型力[107-111]。其中，压射比压是最重要的参数。

压室内金属液单位面积上所受的力称为压射比压，也可表达为压射力与压射冲头截面积的比值，在型腔填充过程中又称为比压，它一方面用以克服金属液在浇注系统中的流动阻力，另一方面用以克服金属液在型腔中的流动阻力，其中内浇口处由于面积较小，此部位的流动阻力最大，比压使金属液在内浇口处能够达到设定的速度。压射比压可按式(7.1)进行计算：

$$P_{\mathrm{b}}=\frac{4F_{\mathrm{y}}}{\pi d^2} \tag{7.1}$$

式中，P_{b}——压射比压；

F_{y}——压射力；

d——压射冲头直径。

压射比压的正确设定对铸件的力学性能、表面质量和模具的使用寿命都有很大的影响，较大的压射比压能增大压铸件的强度，但压铸件的塑性会降低，在合理的压射比压下能够获得综合性能良好的压铸件。压射比压可根据以下几点进行选择[107]：

(1) 根据压铸合金的流动性能，流动性能较好的合金可选用较小的压射比压，流动性能较差的合金需选用较大的压射比压。

(2) 根据压铸件的平均壁厚，壁薄或形状复杂的压铸件未获得所需的内浇口速度，需选择较大的压射比压。

(3) 根据压铸件的强度和气密性要求，对于有强度和气密性要求的压铸件，需选择较大的压射比压。

(4) 根据其他因素选择压射比压，如压铸件的结构及功率和压铸模具的强度等。

压射比压可根据表 7.1 的推荐值进行选择。

表 7.1　压射比压推荐值　　（单位：MPa）

合金类型	铝合金	锌合金	镁合金	铜合金
一般件	30～50	13～20	30～50	40～50
承载件	50～80	20～30	50～80	50～80
气密性、大平面或薄壁件	80～120	25～40	80～100	60～100

重型液力自动变速器液压系统的印刷油路为高压液压油提供通道，因此有较高的气密性要求，材料为铝合金，压射比压的设定范围在 80～120MPa，初步选定为 100MPa。

7.1.2　压射速度

速度作为压铸生产的另一大特征，同样是影响压铸生产的一个重要因素。在压铸工艺中，速度可分为压射速度和内浇口速度，一旦内浇口及压室直径确定，内浇口速度就随着压射速度变化。压室内冲头的移动速度称为压射速度，压射速度在压射过程中是变化的，可分成低速和高速两个阶段[107]。从压射冲头开始移动到金属液填充完成浇注系统这个过程，压射冲头保持低压射速度，接着压射冲头切换到高压射速度进行型腔的填充。

为防止金属液从加料口溅出，同时便于压室内的空气有较充足的时间溢出，此阶段需采用低压射速度进行金属液的推进，但过低的压射速度花费的时间更长，一方面使得在压室内的金属液温度降低太多而不利于型腔的填充，另一方面使得金属液发生氧化的概率增加，进而使得形成的压铸件质量下降。低压射速度可根据压室充满度按照表 7.2 进行选择。由于重型液力自动变速器印刷油路板为大型压铸件，压室充满度最好设置在 40%～75%[112]，压室长度较长，为减少金属液在压室内的温度降低，低压射速度应取大一些，初选为 0.3m/s。

表 7.2　低压射速度的选择

压室充满度 ϕ /%	低压射速度/(m/s)
$\phi \leqslant 30$	0.3～0.4
$30 < \phi \leqslant 60$	0.2～0.3
$\phi > 60$	0.1～0.2

为便于金属液通过内浇口后迅速充满型腔，并出现压力峰将压铸件充实，消除或减少缩松、缩孔，在金属液充满浇注系统后，冲头需要切换到高压射速度进行型腔的填充。高压射速度按式(7.2)进行计算：

$$v = \frac{4V\left[1+\left(n-1\right)\times 0.1\right]}{\pi d^2 t} \tag{7.2}$$

式中，v——高压射速度；

V——模具型腔的容积；

n——模具型腔数；

d——压射冲头直径；

t——填充时间。

测得型腔的体积为 0.00818m^3，按一模一腔进行生产，压射冲头直径即横浇道直径为 0.15m，填充时间为 0.15s，计算得到高压射速度为 3.1m/s，按式(7.2)计算所得的数值为高压射速度的最小值，重型液力自动变速器印刷油路板为大型压铸件，导致用于填充熔融金属液型腔的体积较大，高压射速度可在计算值的基础上适当增大，初选为 4m/s。

7.1.3　温度

压铸工艺中的温度包括压铸合金的浇注温度和模具的预热温度。

1) 压铸合金的浇注温度

在压铸成型过程中，金属液的浇注温度对压铸模具的填充状态、热平衡状态、压铸件成型效果、强度、成型的尺寸精度以及压铸效率等方面都起着重要的作用[107]。压铸合金浇注温度的增加会使气体在金属液中溶解的程度增大，同时金属氧化程度随之迅速增大。压铸合金浇注温度的增加还会导致压铸件的收缩率增大，在成形后易出现晶粒粗大、裂纹及黏模等缺陷。压铸合金浇注温度的降低会引起金属液的流动状态减弱，导致填充过程中出现提前凝固的现象，使得压铸件成型不完整。

各种合金常用的浇注温度如表 7.3 所示。重型液力自动变速器印刷油路板采用 Al-Mg 合金，其结构复杂，壁厚大于 3mm，浇注温度选择区间为 640～670℃，初选浇注温度为 650℃。

表 7.3　各种合金常用的浇注温度　（单位：℃）

合金		铸件壁厚≤3mm		铸件壁厚>3mm	
		结构简单	结构复杂	结构简单	结构复杂
锌合金	含铝的	420～440	430～450	410～430	420～440
	含铜的	520～540	530～550	420～440	520～540
铝合金	含硅的	610～630	640～680	590～630	610～630
	含铜的	620～650	640～700	600～640	620～650
	含镁的	640～660	660～700	620～660	640～670
镁合金	—	640～680	660～700	620～660	640～680
铜合金	普通黄铜	850～900	870～920	820～860	850～900
	含硅黄铜	870～910	880～920	850～900	870～910

2) 模具的预热温度

压铸生产前，需要把模具温度预先加热到一定程度，其作用[108]如下：

(1) 避免金属液激冷过剧造成的流动状态减弱；

(2) 保持压铸件各个部分具有同步的冷却速度；

(3) 改善填充条件；

(4) 避免压铸件在充填完成后存在不稳定的线收缩；

(5) 缩小模具工作时冷热交变的温度差。

适当提高模具预热温度，可提高压铸件的表面质量，但模具预热温度过高会延长压铸件的冷却时间，导致压铸件内部晶粒粗大，降低压铸件的强度和压铸效率，同时易在型腔内产生黏模等缺陷。模具预热温度过低会影响金属液的流动性，出现浇注不足的缺陷，影响脱膜。压铸模具预热温度可按表 7.4 进行选择。压铸模具预热温度选择为 150～180℃，由于重型液力自动变速器印刷油路板外形尺寸较大，金属液流程较远，为避免金属液过早凝固堵塞通道，模具预热温度应稍微取大些，初选为 200℃。

表7.4　压铸模具预热温度　　（单位：℃）

合金	温度种类	铸件壁厚≤3mm		铸件壁厚>3mm	
		结构简单	结构复杂	结构简单	结构复杂
铝合金	预热温度	150～180	200～230	120～150	150～180
	连续工作温度	180～240	250～280	150～180	180～200
锌合金	预热温度	130～180	150～200	110～140	120～150
	连续工作温度	180～200	190～220	140～170	150～200
镁合金	预热温度	150～180	200～230	120～150	150～180
	连续工作温度	180～240	250～280	150～180	180～220
铜合金	预热温度	200～230	230～250	170～200	200～230
	连续工作温度	300～330	330～350	250～300	300～350

综上所述，压铸工艺参数初选值如表7.5所示。

表7.5　压铸工艺参数初选值

压铸工艺参数	数值	压铸工艺参数	数值
压射比压/MPa	100	高压射速度/(m/s)	4
低压射速度/(m/s)	0.3	模具预热温度/℃	200
浇注温度/℃	650	—	—

7.2　液压系统印刷油路压铸数值模拟与结果分析

传统压铸工艺参数的确定方法为试错法，研究者通过设置不同的工艺参数组合进行压铸实验，然后检测成型压铸件的质量等来确定压铸工艺参数的可行性，不仅效率低，而且成本较高[113,114]。近年来兴起的计算机数值模拟技术应用非常广泛，它不仅使压铸过程实现了可视化，而且能够帮助研究者设计、验证及优化压铸工艺[115]。许多研究者利用数值模拟技术来确定压铸工艺参数，并且通过实验验证了计算机数值模拟技术的可靠性[115-118]。因此，为了确定重型液力自动变速器液压系统印刷油路的压铸工艺参数，本节将计算机数值模拟技术引入压铸工艺参数设计优化研究中，将ProCAST专业数值模拟软件作为数值模拟技术的载体。

通过UG软件与ProCAST软件的接口，将三维模型导入ProCAST软件中，首先在 Mash 模块中进行三维模型的全面检测，主要包括面检测和体检测，然后对检测无误的模型进行面网格的划分，面网格采用三边形网格形式，为简化模型，缩短求解时间，网格节点长度需根据模型的大小及形状进行设置，本模型中铸型网格节点长度设置为 40，横浇道、直浇道以及溢流槽处设置为 10，内浇口处设置为 3，压铸件设置为 5，溢流口及排气道设置为 0.5，最终面网格总数为 198592 个，然后进行面网格的检测与修复，以及体网格的划分。体网格采用四面体单元，划分的体网格总数为 3413212 个，最后在 Cast 模块中进行压铸工艺边界条件的设定，主要包括重力矢量约束、材料定义及温度约束、界面换热系数约束、工艺条件约束以及模拟参数约束，其中压铸工艺参数按表 7.5 所示的参数进行输入，最后进行数值模拟。

待数值模拟完成后，在 Viewer 模块中查看结果，图 7.1 为压铸过程的流场模拟图。首先，压射冲头推动压室内的金属液填充浇注系统型腔，由于该过程冲头速度较慢，耗时较长，金属液温度有所下降，贴近筒壁的金属液温度下降至 620℃左右，但仍处于合金液相线温度之上，待浇注系统型腔填充完成后，压射冲头切换至高压射速度推动金属液进入型腔。填充至 20%的过程中(图 7.1(a))，六股金属液几乎同时进入型腔，金属液流动平稳，没有出现紊流的现象；填充至

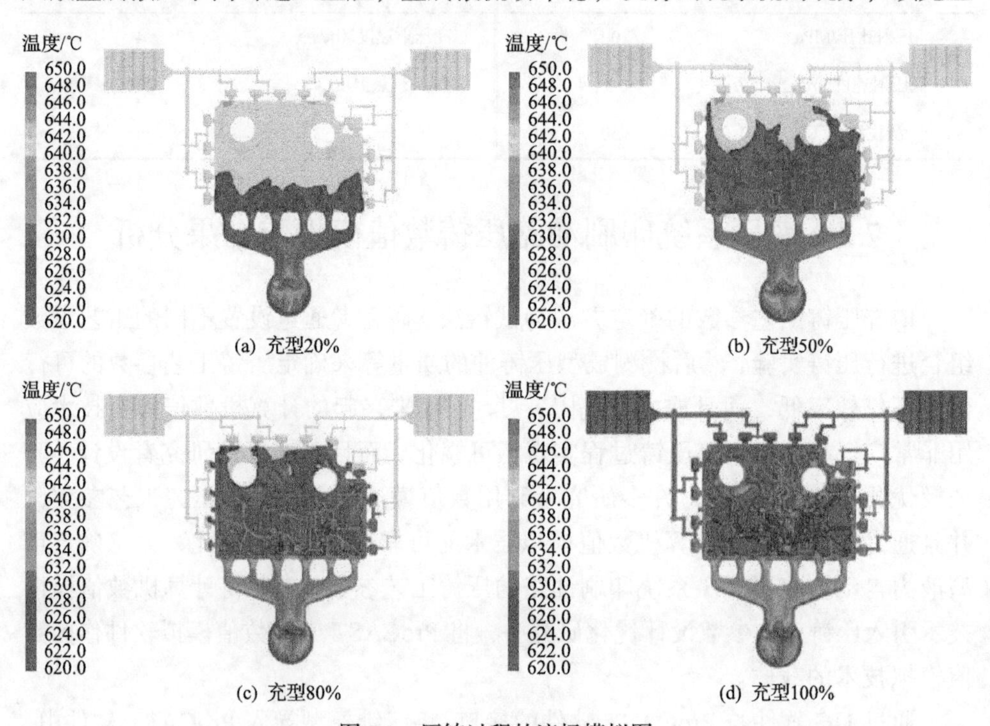

(a) 充型20%　(b) 充型50%

(c) 充型80%　(d) 充型100%

图 7.1　压铸过程的流场模拟图

50%的过程中(图 7.1(b))，型腔内的金属液温度几乎没有降低，均保持在 640～650℃；当填充至 80%时(图 7.1(c))，型腔油道壁面的金属液因流动缓慢致使温度降至 620℃，但并不影响它的流动，最终完成型腔的填充。综上，压铸充型整个过程中金属液流动平稳，前端没有出现紊流及湍流的状况，完成了型腔的顺序填充，避免了裹气现象的出现，从而证明了浇排系统设计的可靠性。

图 7.2 为压铸件充型完成后的凝固模拟图。由图可以看出，压铸件油道壁面由于较薄且分散，先进入凝固状态，然后油道较少的底面开始凝固，最后凝固的是油道较为密集处和厚度较大的底面。孔隙的形成是一种极为复杂的现象，孔隙的最终数量、尺寸和分布是由压铸工艺参数决定的[119]。

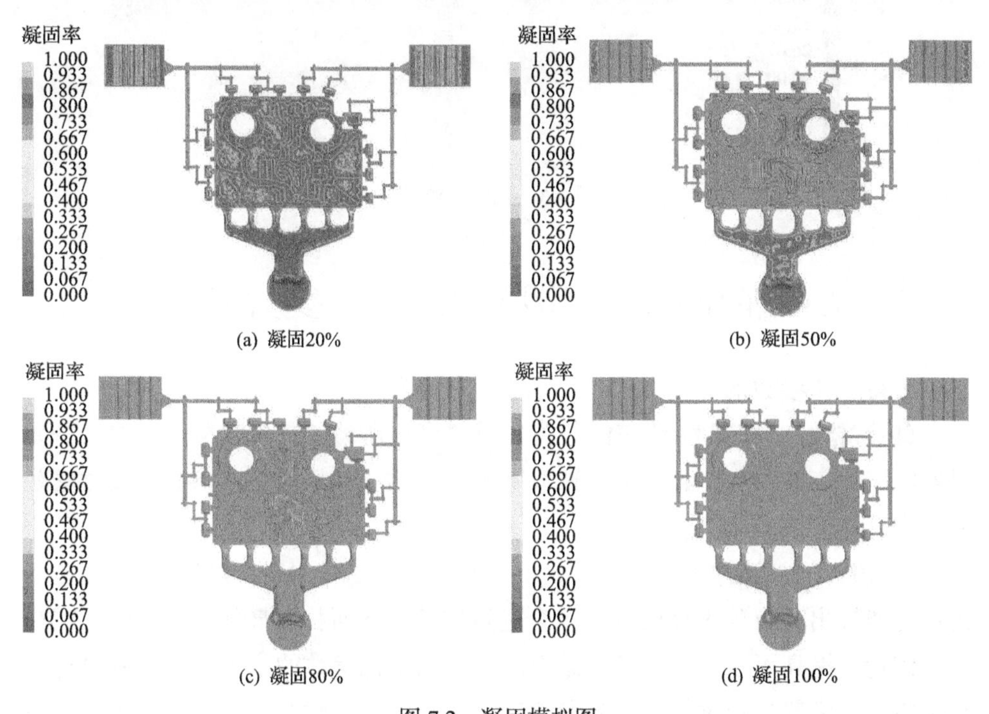

图 7.2　凝固模拟图

孔隙率 P 可以通过测量的密度 ρ 和理论密度 ρ_0 进行比较得出，其计算公式为

$$P(\%)=\left(1-\frac{\rho}{\rho_0}\right)\times 100 \tag{7.3}$$

用上述压铸工艺参数进行压铸数值模拟实验，预测的孔隙率为 1.1304%，孔隙分布如图 7.3 所示。由图可以看出，在油道壁面及后侧壁面出现了大量缩

孔，为了能最大限度地减小孔隙率，提高压铸件的合格率及性能，需要对压铸工艺参数进行优化。

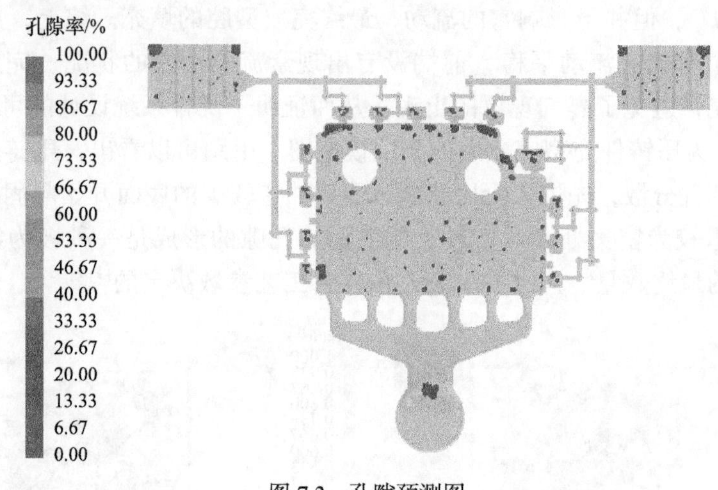

图 7.3　孔隙预测图

7.3　液压系统印刷油路压铸工艺参数的优化

压铸工艺参数的优化方法可归纳为以下几种[120-127]：

(1)试错法，即试验-纠正法，首先设置多组压铸工艺参数组合，然后分别对各组压铸工艺参数进行试验，选取其中最优的一组压铸工艺参数，该方法效率低，且花费成本很高。

(2)田口法，又称正交实验法，由日本学者 Taguchi(田口)发明，该方法的优势为能挑出具有代表性的参数组合进行实验，从而找出最优组合，大大减少了工作量，提高了效率。田口法需先设定不同工艺参数的水平值，然后设计正交实验表，接着分别对每组工艺参数进行实验寻找最优组合，但田口法始终只是挑选出了其中部分组合进行实验，且各参数设置的水平值并不连续，导致得到的结果只是片面的最优化。

(3)压铸数学模型。根据实验数据及各种理论模型建立工艺参数与结果之间的数学模型，然后采取各种优化算法对模型进行求解，从而优化出最优的工艺参数组合。

为了寻求压铸工艺参数与印刷油路压铸件成型质量之间的对应规律，本节利用含交叉项的二阶响应面模型拟合工艺参数与孔隙率之间的数学模型，并采用粒子群优化算法对该模型进行求解，从而寻找出最优压铸工艺参数。

7.3.1　数学模型的建立

在众多的压铸工艺参数中，速度直接影响压铸件的内部及外观质量，印刷油路板需要较致密的内部组织，因此它对重型液力自动变速器印刷油路板的影响较大；温度和压力直接影响压铸件的强度及尺寸精度，在高压液压油的冲击下，高强度、高尺寸精度的印刷油路可以保证重型液力自动变速器的使用寿命。因此，选取速度（低压射速度和高压射速度）、温度（模具预热温度和浇注温度）以及压射比压作为优化对象，选取压铸件的孔隙率作为优化目标，考虑到工艺参数之间的相互影响，选用含有交叉项的二阶响应面模型作为拟合模型。为获得拟合训练数据，本节设计了五因素五水平的正交实验表，分别对各组参数组合进行数值模拟实验，并得到了各组参数下对应的印刷油路孔隙率，然后将各组数据作为二阶响应面模型的训练数据，最后用粒子群优化算法对数学模型进行求解。存在 k 个自变量的二阶响应面模型为

$$Y=\beta_0+\sum_{i=1}^{k}\beta_i x_i+\sum_{i}^{k-1}\sum_{j}^{k}\beta_{ij}x_i x_j+\varepsilon,\quad i,j=1,2,3,\cdots,k \tag{7.4}$$

式中，ε——随机实验误差。

有五个自变量和一个因变量，它们之间的对应关系为

$$\begin{aligned}P=&\beta_0+\beta_1 v_{\mathrm{s}}+\beta_2 v_{\mathrm{h}}+\beta_3 T_{\mathrm{p}}+\beta_4 T_{\mathrm{m}}+\beta_5 p+\alpha_1 v_{\mathrm{s}} v_{\mathrm{h}}+\alpha_2 v_{\mathrm{s}} T_{\mathrm{p}}+\alpha_3 v_{\mathrm{s}} T_{\mathrm{m}}\\&+\alpha_4 v_{\mathrm{s}} p+\alpha_5 v_{\mathrm{h}} T_{\mathrm{p}}+\alpha_6 v_{\mathrm{h}} T_{\mathrm{m}}+\alpha_7 v_{\mathrm{h}} p+\alpha_8 T_{\mathrm{p}} T_{\mathrm{m}}+\alpha_9 T_{\mathrm{p}} p+\alpha_{10} T_{\mathrm{m}} p\end{aligned} \tag{7.5}$$

式中，P——孔隙率；

v_{s}——低压射速度；

v_{h}——高压射速度；

T_{p}——浇注温度；

T_{m}——模具预热温度；

p——压射比压。

设计的正交实验表及数值模拟实验得出的结果如表 7.6 所示。将表 7.6 中的数据作为模型的训练样本数据，采用 MATLAB 拟合工具箱对模型中的交叉项系数、一次项系数及常数项进行拟合，得到的数学模型参数拟合值如表 7.7 所示。

表 7.6　正交实验表及孔隙率

序号	低压射速度/(m/s)	高压射速度/(m/s)	浇注温度/℃	模具预热温度/℃	压射比压/MPa	孔隙率/%
1	0.2	3	610	180	70	1.0543
2	0.2	3.5	630	190	80	1.0673
3	0.2	4	650	200	90	1.068
4	0.2	4.5	670	210	100	1.088
5	0.2	5	690	220	110	1.0837
6	0.25	3	630	200	100	1.057
7	0.25	3.5	650	210	110	1.0723
8	0.25	4	670	220	70	1.0613
9	0.25	4.5	690	180	80	1.1238
10	0.25	5	610	190	90	1.1444
11	0.3	3	650	220	80	1.019
12	0.3	3.5	670	180	90	1.1227
13	0.3	4	690	190	100	1.1148
14	0.3	4.5	610	200	110	1.129
15	0.3	5	630	210	70	1.0725
16	0.35	3	670	190	110	1.1269
17	0.35	3.5	690	200	70	1.0677
18	0.35	4	610	210	80	1.0545
19	0.35	4.5	630	220	90	1.0265
20	0.35	5	650	180	100	1.1629
21	0.4	3	690	210	90	1.0432
22	0.4	3.5	610	220	100	1.0818
23	0.4	4	630	180	110	1.17
24	0.4	4.5	650	190	70	1.1078
25	0.4	5	670	200	80	1.1304

表 7.7　数学模型参数拟合值

参数	β_0	β_1	β_2	β_3	β_4	β_5	α_1	α_2
数值	0.31	−0.3239	−0.1621	-2.4939×10^{-4}	8.8×10^{-3}	0.0107	−0.2469	0.005
参数	α_3	α_4	α_5	α_6	α_7	α_8	α_9	α_{10}
数值	−0.0121	0.0064	5.1482×10^{-4}	-1.5828×10^{-4}	-4.2906×10^{-4}	-1×10^{-5}	-1.6286×10^{-5}	2.0813×10^{-6}

为了验证数学模型的可靠性及精确度，对模型的拟合优度进行检测，拟合

优度 R^2 代表拟合值与实验值之间的拟合程度，R^2 的值在 0～1，R^2 越接近 1，代表拟合程度越好，其值用式(7.6)进行计算[128]：

$$R^2 = 1 - \frac{\sum_{i=1}^{k}\left(y_i - \hat{y}_i\right)^2}{\sum_{i=1}^{k}\left(y_i - \overline{y}\right)^2} \tag{7.6}$$

式中，R^2——拟合优度；

y_i——实验值；

$\overline{y}$——实验值的平均值；

$\hat{y}_i$——预测值。

计算得 R^2 为 0.9243，表明模型的预测值与实验值有较高的吻合度。图 7.4 为实验值与预测值对比曲线，图中没有明显的偏离现象，模型的均方根误差仅为 0.0184，证明数学模型精度较高，因此该模型可作为该压铸件孔隙率的预测模型。

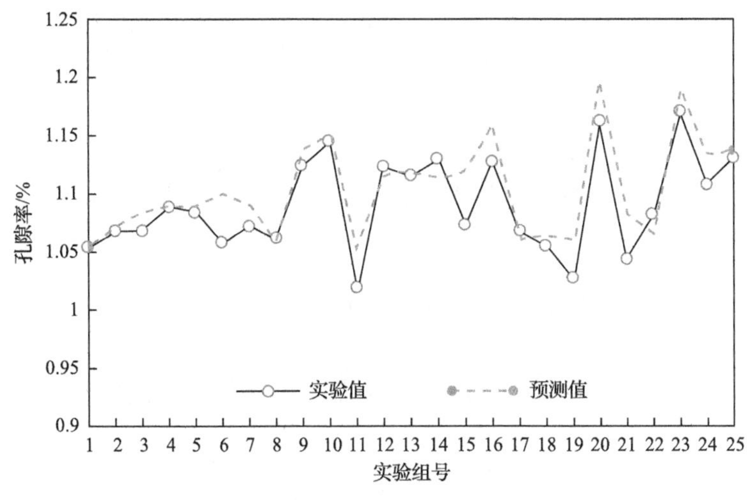

图 7.4　孔隙率实验值及预测值对比曲线

7.3.2　压铸工艺参数的优化

粒子群优化算法是智能领域中较为先进的算法之一，由于粒子存在记忆性，单个粒子的进化可以更快地收敛于最优解[129]。此外，粒子群优化算法没有编码、交叉以及变异的过程，粒子通过内部更新速度，原理简单，参数少，更易实现。将粒子群优化算法应用于本模型的求解优化，能够更快速、更准确地确定最优个体适应度。图 7.5 为粒子群优化算法求解函数的流程。首先，对粒子的速度和位置进行随机初始化；其次，通过拟合的数学模型计算粒子的适应度；再次，通过初始粒子适应度确定个体和群体极值；最后，根据式(7.7)和式(7.8)更新粒子的速度和位置，根据新群体粒子的适应度更新个体及群体极值。粒子群优化算法边界条件如式(7.9)所示，粒子群优化算法中的参数设置如表 7.8 所示。

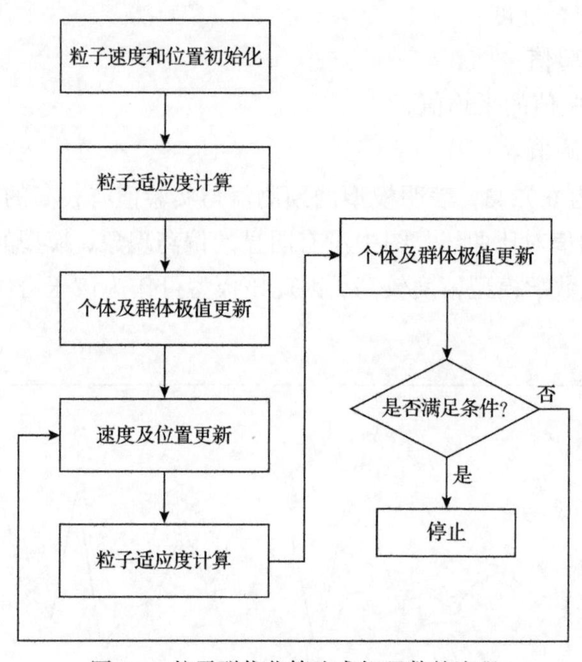

图 7.5　粒子群优化算法求解函数的流程

$$V_{id}^{k+1}=\omega V_{id}^{k}+c_1 r_1\left(P_{id}^{k}-X_{id}^{k}\right)+c_2 r_2\left(P_{gd}^{k}-X_{id}^{k}\right) \tag{7.7}$$

$$X_{id}^{k+1}=X_{id}^{k}+\left(V_{k+1}\right)_{id} \tag{7.8}$$

式中，c_1——粒子的个体学习因子，也称个体加速因子；

c_2——粒子的社会学习因子，也称社会加速因子；

ω——速度的惯性权重；

V_{id}^{k}——第 d 次迭代时，第 i 个粒子的速度；

X_{id}^{k}——第 d 次迭代时，第 i 个粒子所在位置；

P_{id}^{k}——第 d 次迭代时，第 i 个粒子经过的最好位置；

P_{gd}^{k}——第 d 次迭代时，所有粒子经过的最好位置。

$$\begin{cases} 0.2 \leqslant v_\mathrm{s} \leqslant 0.4 \\ 3 \leqslant v_\mathrm{h} \leqslant 5 \\ 610 \leqslant T_\mathrm{p} \leqslant 690 \\ 180 \leqslant T_\mathrm{m} \leqslant 220 \\ 70 \leqslant p \leqslant 110 \end{cases} \tag{7.9}$$

表 7.8　粒子群优化算法参数设置

参数	种群规模	最大进化次数	c_1	c_2	自变量
数值	200	100	2	2	5

图 7.6 为适应度随进化次数的变化曲线。由图可以看出，当进化至 24 代时，曲线收敛，此时对应的个体适应度即为模型的最优个体适应度。此时的压铸工艺参数为：低压射速度为 0.2m/s，高压射速度为 3m/s，浇注温度为 690℃，模具预热温度为 220℃，压射比压为 110MPa，预测最优孔隙率为 0.966%。

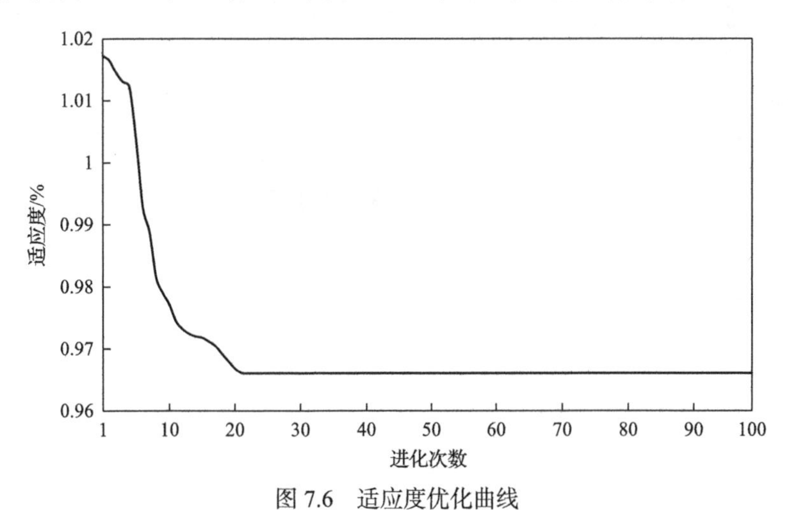

图 7.6　适应度优化曲线

对比优化前的压铸工艺参数可以看出，压射速度在优化后均有所降低，较低的低压射速度能够切实地将滞留在压室内的气体排出，可有效降低充型凝固后铸件内部的孔隙率，降低的高压射速度可以有效控制内浇口处的金属液流动速度，从而避免因型腔内金属液流动速度过高而产生湍流及紊流现象；温度参数在优化后得到了提升，较高的合金液浇注温度可以大大提升金属液的流动性，特别是对于形状复杂且壁薄的压铸件，较低的浇注温度可能会使距离浇口较远端处的型腔出现欠铸的现象，并且容易使金属液中夹杂一些非金属杂质和氧化物等有害物质，从而凝固后影响压铸件的力学性能，较高的模具温度可以缩小模具与合金液之间的温度梯度，从而避免压铸件表面冷纹及冷隔等压铸缺陷；压射比压在优化后得以提升，金属液在较高的压力下凝固，其内部的孔隙可以得到压缩，孔隙率得到一定的控制。

用优化后得到的压铸工艺参数进行压铸数值模拟，得到的孔隙率为 0.978%，与预测值接近，从而证明了数学模型的可靠性，孔隙分布如图 7.7 所示，与优化前相比，优化后铸件内部油道的缩孔得到了明显的控制。

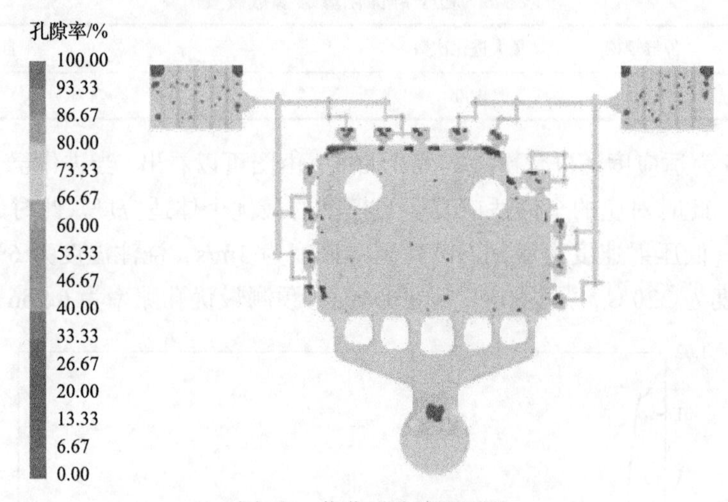

图 7.7 优化后孔隙预测图

第8章　重型液力自动变速器液压系统印刷油路压铸模具的设计及优化

在压铸生产中，正确采取各种压铸工艺参数是获得优质压铸件的重要措施，金属压铸模具是调整有关工艺参数的基础。另外，压铸生产顺利与否、压铸件的质量、压铸效率以及成本等，在很大程度上由压铸模具设计的合理性以及技术的先进性决定，由此可见，重型液力自动变速器液压系统印刷油路压铸模具的设计水平直接决定其印刷油路板的质量。

8.1　液压系统印刷油路压铸模具的设计

8.1.1　概述

通常，压铸模具分为以下几部分：

(1) 成型部分，用以形成压铸件的轮廓形状。在定模与动模合拢后，成形一个构成铸件形状的空腔，称为型腔；按压铸件结构不同，型腔可以全部设在定模或动模内，也可以定模或动模各占一部分；构成型腔的零件为成型零件，包括固定和活动的镶块与型芯。

(2) 浇道系统，金属液进入型腔的通道，是连通压铸机压室与压铸模型腔的部分。

(3) 抽芯机构，用以抽动与开模方向不一致的成型零件。

(4) 推出及复位机构，待模具开模后，推出机构负责将压铸件推出动模，在合模过程中，复位机构带动推出机构复位。

(5) 冷却系统，为提高压铸生产的效率，加快压铸件的冷却成型，需要设置相应的冷却系统。

(6) 支承部分，模具按一定规律组合固定后，将压铸模具固定在压铸机上的部分。

(7) 其他部分，除上述部分外，模具还应具有紧固件、定位导向件等。

压铸模具设计的一般流程为：

(1) 确定模具分型面；

(2) 拟定浇注系统设计总体布置方案；

(3) 脱模方式的选择；

(4) 压铸件凹凸部位的处理；

(5) 确定主要零件的结构及尺寸；

(6) 绘制模具装配图。

压铸模具的工作过程示意图如图 8.1 所示。首先，模具在压铸机的推动下合拢，复位杆带动推出机构复位；然后，压射冲头推动金属液进入模具型腔，在型腔完全被充满之后，压射冲头停止移动，金属液在型腔内完成冷却凝固；接着，压铸机把模具打开，推出机构将压铸件从模具中顶出并取下，完成一个压铸回合；最后，工作人员对模具型腔进行清理喷漆，进入下一回合。

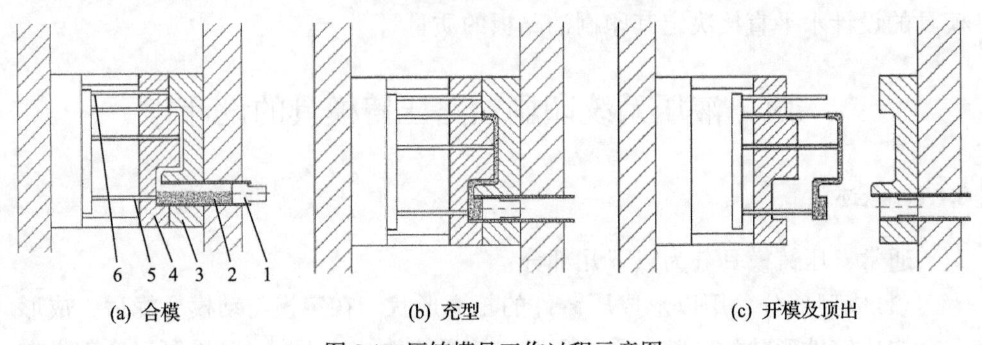

图 8.1　压铸模具工作过程示意图

1. 压射冲头；2. 熔融金属液；3. 定模；4. 动模；5. 顶杆；6. 复位杆

8.1.2　成型零件的设计

成型零件作为型腔的基体，包括镶块和型芯，其在压铸过程中承受高速金属液的冲刷。成型零件的结构形式分为整体式和镶拼式。其中，镶拼式结构模具具有简化加工工艺、减少模具制造成本、容易满足组合镶块成型部位精度要求等优点[130]。针对重型液力自动变速器液压系统印刷油路这种盒形压铸件，外表面没有较高的尺寸精度要求，内外表面的成型可以不在一侧成型，宜采用镶拼结构。

由于镶块的材料比较昂贵，镶块的尺寸必须在满足强度要求的前提下尽量减小。根据重型液力自动变速器印刷油路的投影面积、高度及结构特点，确定动模镶块的尺寸为 900mm×890mm×145mm，定模镶块的尺寸为 900mm×890mm×175mm。

为了使排溢系统达到排气效果，并便于清理动模模腔内的残留物以及便于动模镶块的加工，需要将印刷油路板内部油道的成型分配在动模一侧，而外轮廓的成型分配给定模镶块，位于后侧的冷却油口成型分配在侧型芯，浇道、溢流槽及排气道开设在动模镶块上。采用 UG 和 CAD 软件进行压铸模具设计，设置成型收缩率为 0.55%，为实现动模镶块与定模镶块之间的定位，分别在动模镶块和定模镶块上设计了定位止口，设计的动模镶块如图 8.2 所示，定模镶块如图 8.3 所示，侧型芯如图 8.4 所示，成型零件装配图如图 8.5 所示。

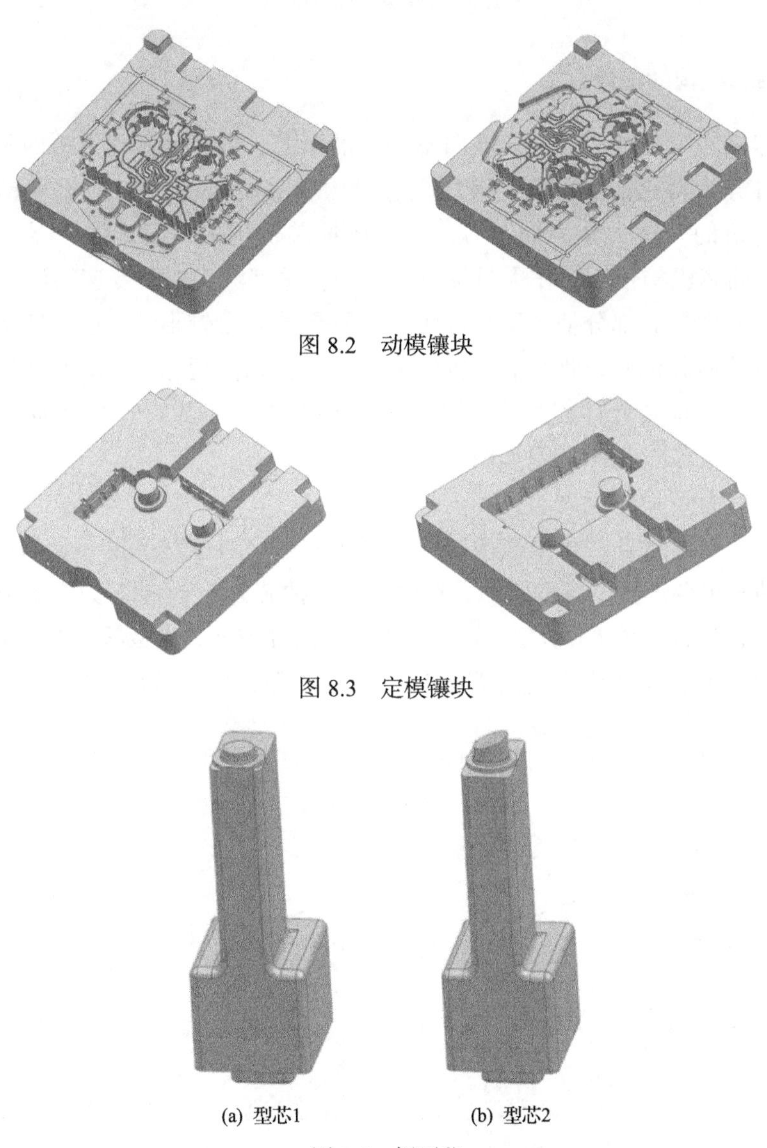

图 8.2　动模镶块

图 8.3　定模镶块

(a) 型芯1　(b) 型芯2

图 8.4　侧型芯

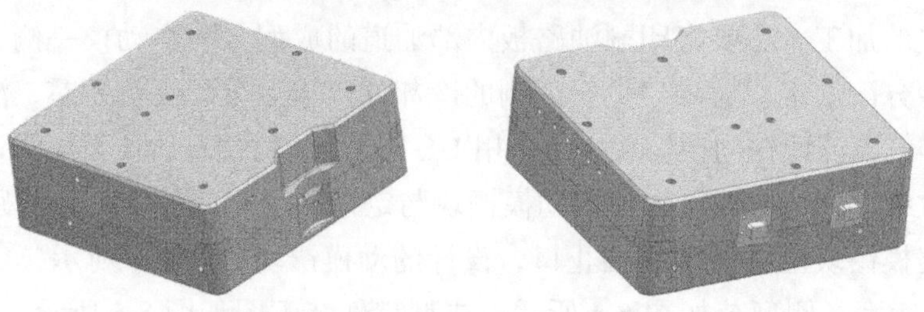

图 8.5　成型零件装配图

8.1.3　抽芯机构的设计

抽芯机构用于抽离与开模方向不一致的型芯，按照抽芯动力源的不同，抽芯机构可分为斜销抽芯机构、液压抽芯机构和手动抽芯机构[107]。斜销抽芯机构以压铸机的开模力作为抽芯力，而液压抽芯机构依靠液压抽芯器提供抽芯力，手动抽芯机构依靠工作人员提供抽芯力。重型液力自动变速器液压系统印刷油路压铸件抽芯部分抽芯距离较短，且所需抽芯力较小，宜选择经济、结构简单的斜销抽芯机构，此类抽芯机构主要由成型元件型芯、运动元件滑块、传动元件斜销、锁紧元件锁紧块和限位元件限位钉等组成[131]。斜销抽芯机构的布置形式及工作过程示意图如图 8.6 所示。

1)抽芯力及抽芯距离的计算

在压铸生产后期，合金液由于冷却凝固收缩会对型芯产生一定的包紧力，抽芯运动时也会产生一定的阻力，这两个力即抽芯力[132]。抽芯力主要由型芯结构尺寸及成型部分深度等决定，通常成型部分尺寸越大，成型部分深度越深，抽芯力越大。抽芯力计算公式如式(8.1)所示，各部分尺寸示意图如图 8.7 所示。

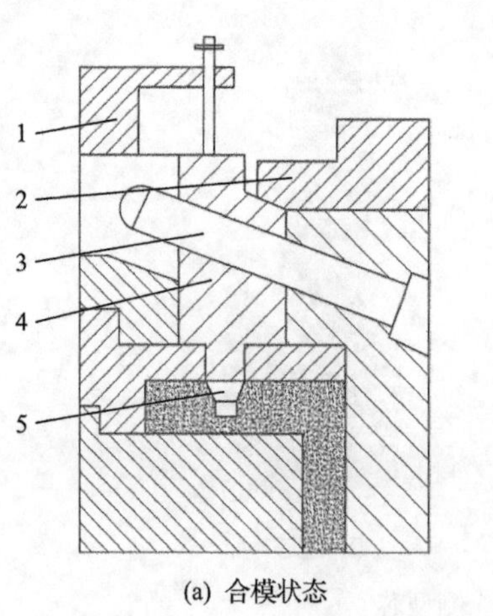

(a) 合模状态

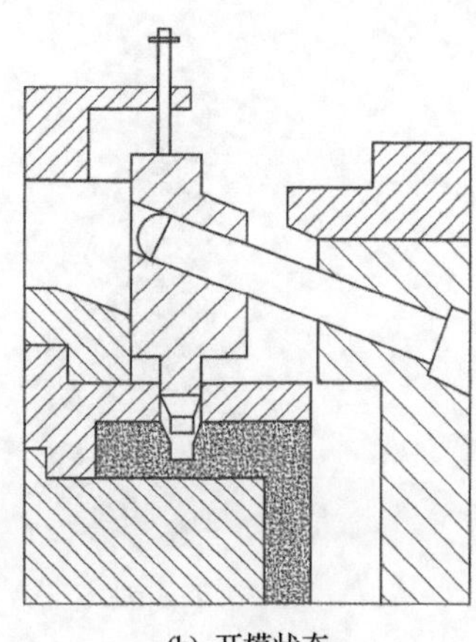

(b) 开模状态

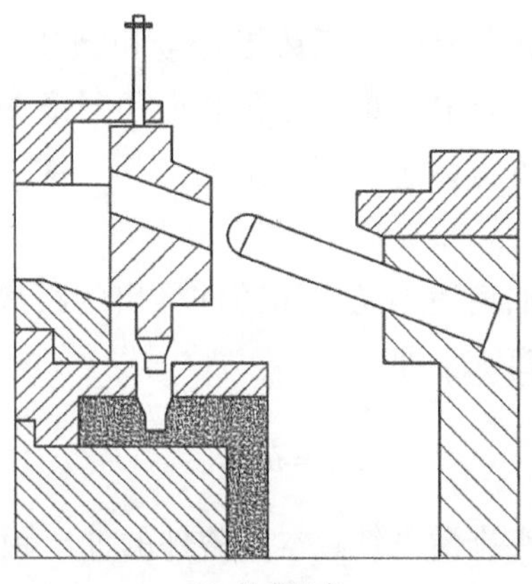

(c) 抽芯结束

图 8.6　斜销抽芯机构的布置形式及工作过程示意图

1. 限位块；2. 楔紧块；3. 斜销；4. 滑块；5. 侧型芯

$$F = F_{阻}\cos\alpha - F_{包}\sin\alpha = Alp\left(\mu\cos\alpha - \sin\alpha\right) \tag{8.1}$$

式中，F——抽芯力；

$F_{阻}$——抽芯阻力；

$F_{包}$——包紧力；

A——型芯成型部分的截周长；

l——型芯成型部分的长度；

p——单位面积上的包紧力；

μ——压铸铝合金与型芯之间的摩擦因数；

α——型芯成型部分的拔模斜度。

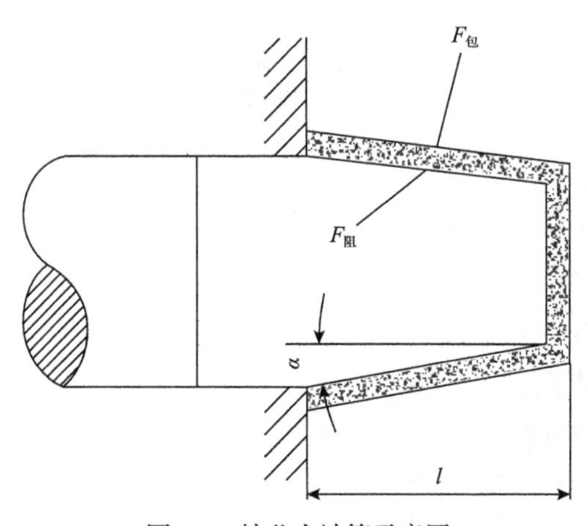

图 8.7　抽芯力计算示意图

单位面积的包紧力取 8MPa，压铸铝合金和型芯之间的摩擦因数取 0.2，型芯成型部分的拔模斜度为 1°，型芯 1 包紧面积测得 2662mm^2，型芯 2 包紧面积测得 3529mm^2，计算可得型芯 1 所需抽芯力为 3887N，型芯 2 所需抽芯力为 5153N。

抽芯距离 S 为型芯抽离后不妨碍压铸件推出的距离，其数值通常为成型侧孔的深度 h 加上安全距离 K，即

$$S = h + K \tag{8.2}$$

由于抽出方向布置有排溢系统，本压铸件的抽出距离需要考虑排气道的距离，安全距离取 5mm，计算可得型芯 1 的抽出距离为 110mm，抽芯 2 的抽出距离为 112mm。

2) 斜销的设计

斜销作为斜销抽芯机构的传动元件，将开模力传递给滑块，带动滑块移动，滑块带动型芯移动。斜销的斜角、工作直径以及长度都需要通过计算确定。斜销的斜角即斜销抽芯机构的抽芯角，是指斜销安装后轴心线与开模方向的夹角，其大小会影响斜销所承受的弯曲应力、斜销的工作直径和长度、有效开模行程，它们之间的关系为

$$F_{\mathrm{w}} = \frac{F}{\cos\theta} \tag{8.3}$$

$$L = \frac{S}{\sin\theta} \tag{8.4}$$

$$H = \frac{S}{\tan\theta} \tag{8.5}$$

式中，θ——斜销斜角；

F_{w}——斜销所承受的弯曲应力；

F——抽芯力；

L——斜销的工作长度；

S——抽芯距离；

H——有效开模行程。

斜销受力及参数关系示意图如图 8.8 所示。

一般情况下，斜销的斜角通常介于 10°～25°[107]，选用较小的斜角，抽芯过

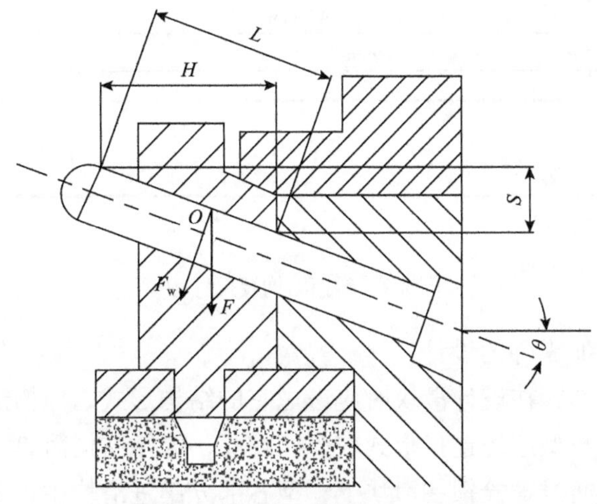

图 8.8　斜销受力及参数关系示意图

程中斜销承受的弯曲应力较小，从而使得斜销工作直径相应减小，但增加了斜销工作的长度和有效开模行程。初选斜销斜角为 18°，则型芯 1 的有效工作长度为 356mm，有效开模行程为 339mm；型芯 2 的有效工作长度为 362mm，有效开模行程为 345mm。统一按照所受弯曲力较大的斜销进行设计，则有效工作长度为 362mm，有效开模行程为 345mm。

斜销工作直径的大小取决于斜销所受弯曲力的大小。为方便计算，把斜销所受最大弯曲力集中在图 8.8 所示的抽芯力几何中心 O 点处，斜销最小工作直径计算公式如下：

$$d = \sqrt{\frac{10FH}{[\sigma]_W \cos^2\theta}} \tag{8.6}$$

式中，d——斜销的工作直径；

F——抽芯力；

H——有效开模行程；

$[\sigma]_W$——抗弯强度，一般取 300MPa；

θ——斜销斜角。

抽芯力为 5153N，斜销斜角为 18°，有效开模行程为 345mm(图 8.9 中的 362mm 为预留安全距离后的取值)，计算得斜销最小直径为 40mm，选用直径为 50mm 的斜销。斜销总长度应考虑斜销的工作长度、固定长度和引导长度，经综合考虑，斜销通过锁板锁在套板上，斜销总长度为 450mm，设计的斜销结构及尺寸如图 8.9 所示。

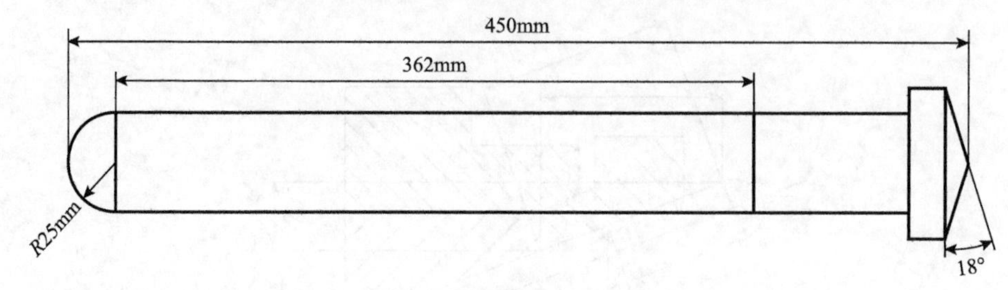

图 8.9　斜销结构及尺寸图

3) 滑块及其他零件的设计

滑块连接型芯，在设计滑块时应考虑它的结构形式、导槽形式、楔紧和定位装置等。滑块与型芯的连接形式较多，在此，选择结构简单、加工方便的分体结构式，型芯通过螺栓锁在滑块上，型芯部分镶进滑块中，实现定位，其结构形式如图 8.10 所示。

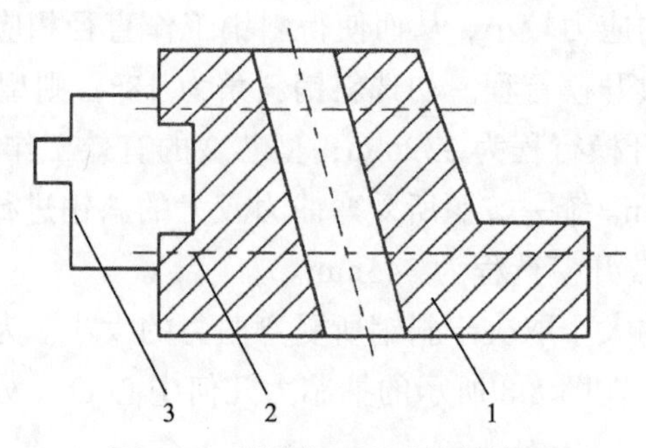

图 8.10　滑块与型芯连接结构图

1. 滑块；2. 螺栓；3. 侧型芯

滑块的导滑形式选用左右对称的镶拼式结构，L 形导滑槽通过锁紧螺栓锁在模板上，滑块可在 L 形导滑槽内移动，该结构具有耐磨性高、使用寿命长、移动精度高、加工容易、组装及更换方便等优点，其示意图如图 8.11 所示。

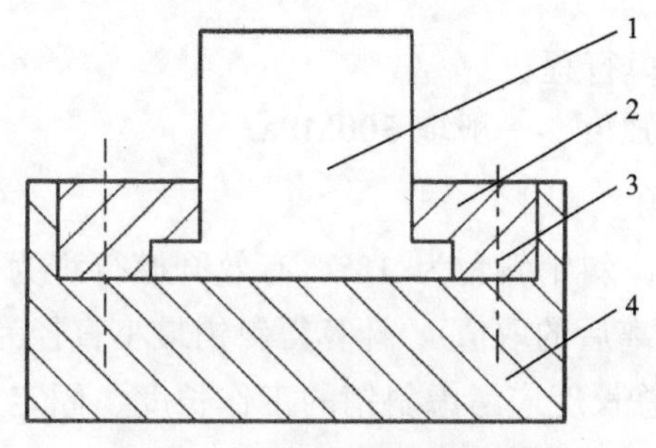

图 8.11　滑块导滑形式示意图

1. 滑块；2. L 形导滑槽；3. 锁紧螺栓；4. 模板

滑块的楔紧及定位装置包括滑块的楔紧装置及滑块的定位装置。其中，楔紧装置用于合模时保证型芯恢复到成型位置且型芯在承受压射比压时保证位置不变，由于斜销采用锁板固定方式，楔紧块可与锁板做成一体，从而简化模具结构，其结构形式如图 8.12 所示。定位装置的作用是斜销驱动滑块抽芯完成后，保持滑块位置脱离斜销的位置不变。在此，定位装置选用的是弹簧拉杆式定位装置，依靠弹簧的弹力实现定位效果，其结构形式如图 8.13 所示。

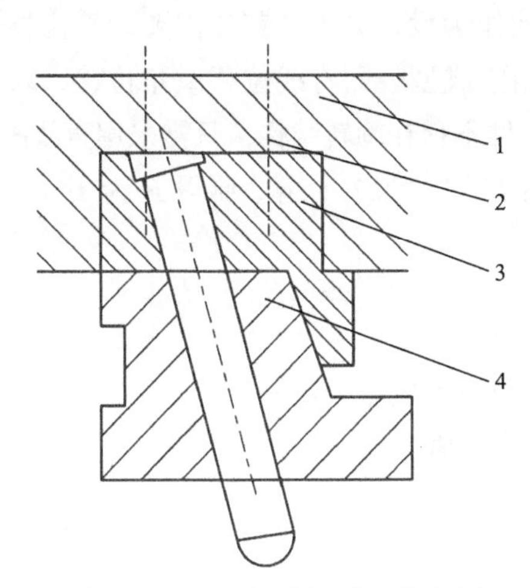

图 8.12　锁板及楔紧块布置结构图

1. 模板；2. 锁紧螺栓；3. 锁板及楔紧块；4. 滑块

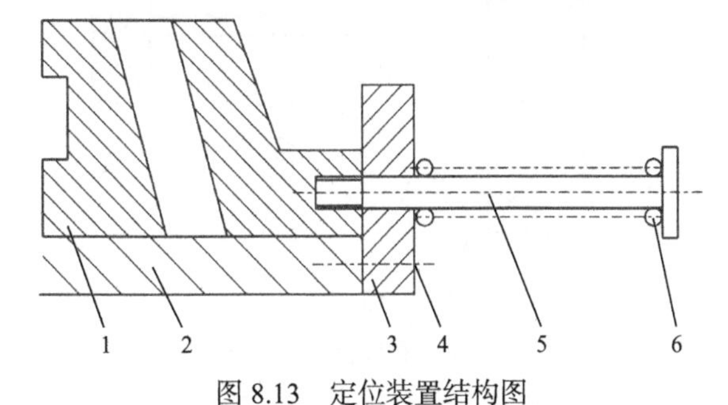

图 8.13　定位装置结构图

1. 滑块；2. 模板；3. 限位块；4. 锁紧螺栓；5. 拉杆；6. 弹簧

8.1.4　推出及复位机构的设计

推出及复位机构包括推出机构和复位机构，其中推出机构负责将冷却凝固后的压铸件从镶块中推出以便取下，复位机构是在推出机构完成推出动作后，使其恢复原位的机构。推出机构一般由推出元件、限位元件、导向元件和结构元件组成，复位机构主要由复位元件组成。

1) 推出机构的设计

按照推出机构的驱动方式，推出机构可分为以下几种：

(1) 机动推出机构，由压铸机提供动力。

(2) 液压推出机构，由液压推出器提供动力。

(3) 手动推出机构，由工作人员提供动力。

选用机动推出机构作为设计方案，首先需要计算出推出距离，即在推出元件作用下，压铸件与相应成型表面直线位移或角位移，因重型液力自动变速器液压系统印刷油路压铸件不存在旋转结构，只需采用直线推出，其推出示意图如图 8.14 所示。其推出距离按式 (8.7) 计算，测得 H 为 79mm，推出距离取 60mm。

$$\frac{1}{3}H \leqslant S_{推} \leqslant H \tag{8.7}$$

式中，H——滞留铸件的最大成型长度；

$S_{推}$——直线推出距离。

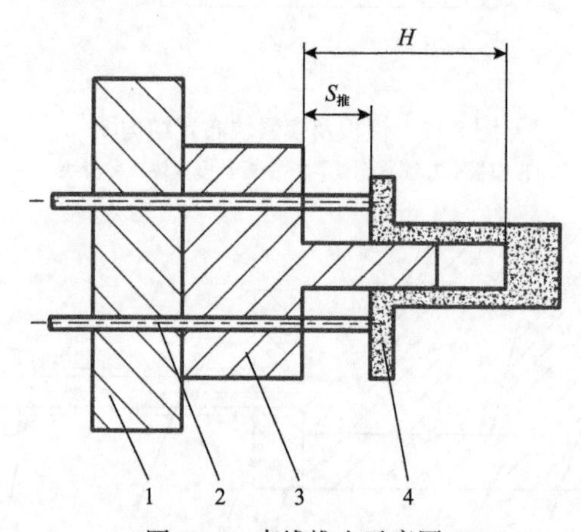

图 8.14　直线推出示意图

1. 模板；2. 推出元件；3. 镶块；4. 压铸件

推出元件采用推杆，推杆的布置位置如图 8.15 所示，图中黑色点位置为推杆布置位置，分别在浇注系统、压铸件四周、溢流槽以及排气道上布置推杆，浇注系统和排气道处的推杆直径设置为 16mm，其他位置的推杆直径设置为 10mm，压铸件四周的推杆长度为 500mm，其他位置按需取值。推板轮廓尺寸为 1600mm×1100mm×50mm，推板固定板的轮廓尺寸为 1600mm×1100mm×35mm，在推板四角分别设置导柱，为推出及复位时导向，其结构如图 8.16 所示。

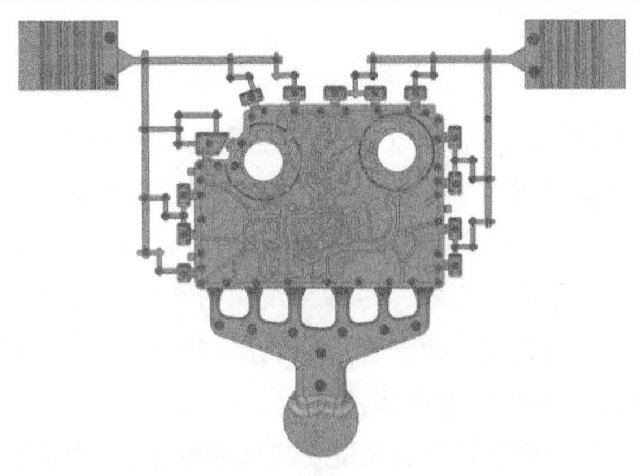

图 8.15　推杆布置位置

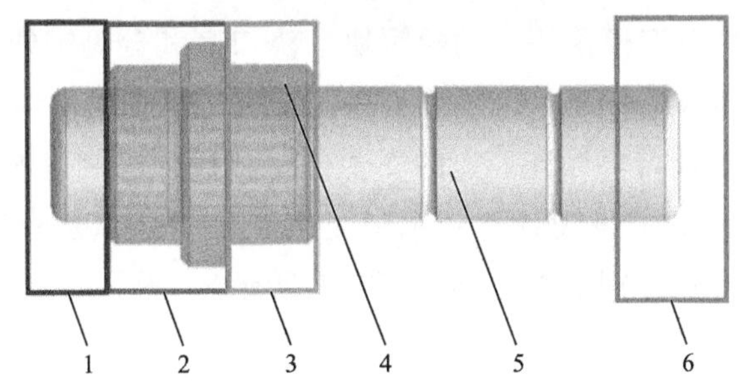

图 8.16　推板导柱导套布置图

1. 动模座板；2. 推板；3. 推杆固定板；4. 推板导套；5. 推板导柱；6. 支承板

为了防止推杆过度顶出，在推杆固定板上设置限位柱，限位柱高度为 50mm，通过内六角螺栓锁在推杆固定板上。

2) 复位机构的设计

复位机构多采用复位杆，复位杆结构简单、加工方便、动作稳定可靠，它与推出元件同时安装在推杆固定板上，在合模过程中，在定模板与分型面的作用下带动推出机构进行复位。复位杆需均匀布置。在此，将复位杆均匀布置在推杆固定板四角，共计 4 支，其结构及尺寸如图 8.17 所示。

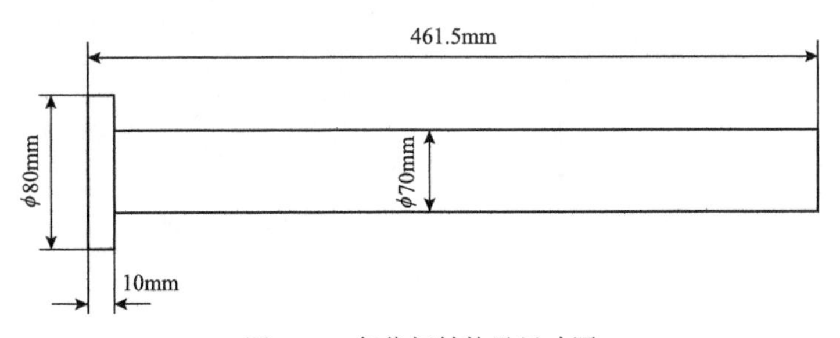

图 8.17　复位杆结构及尺寸图

8.1.5　冷却水道的设计

压铸生产效率和压铸件的质量在很大程度上取决于模温的调节，调节模温是为了获得合理的温度场[107]。在大、中型压铸件的连续生产中，为了保持压铸件的优质高效生产，需在压铸模内设计冷却系统，使金属液热量随冷却介质的流动带出。按冷却方式的不同，冷却系统可分为以下几种：

(1) 水冷，在模具内设置冷却水道，冷却水在冷却水道内流动带走热量。

(2) 风冷，通过压缩空气形成风冷效应。

(3) 合金冷却，在易形成热节的部位安装高传热合金，如青铜、钨合金等。

水冷方式冷却效果好，并且成本低。水道直径通常设置为 6～14mm，这里选用 14mm，分别在定模镶块、动模镶块、浇口套和分流锥处设计冷却水道。定模镶块内的冷却水道布置形式如图 8.18(a)所示；动模镶块内的冷却水道需要避开推杆布置，并且需要保证一定的安全壁厚，设计的冷却水道如图 8.18(b)所示；浇口套内和分流锥设计冷却水道是为了加快浇道及料炳内的金属液凝固，水道的布置形式分别如图 8.18(c)和(d)所示。

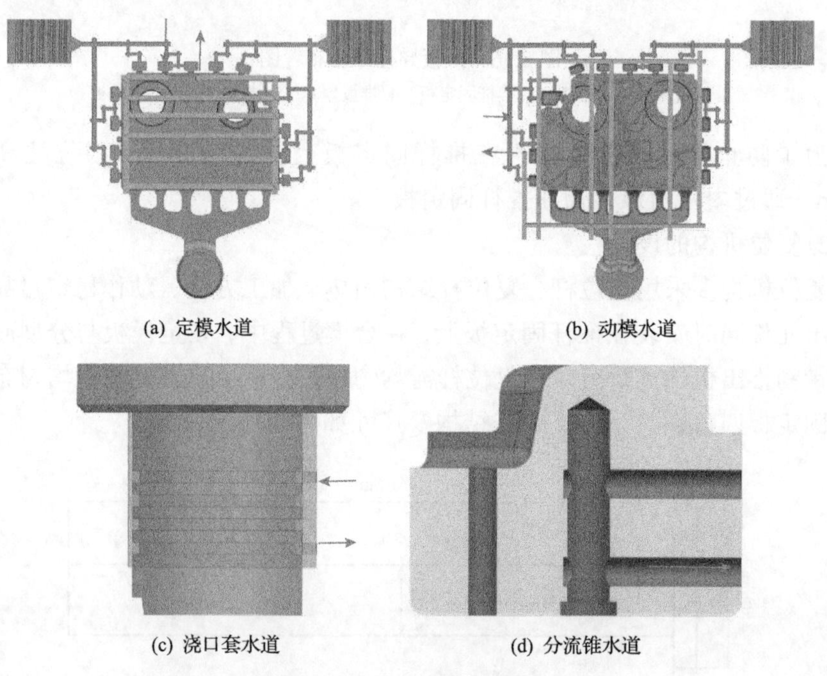

(a) 定模水道　(b) 动模水道

(c) 浇口套水道　(d) 分流锥水道

图 8.18　冷却水道布置图

8.1.6　模体设计及模具装配

压铸模模体是设置、安装和固定浇注系统、成型零件、推出机构、抽芯机构、模温调节系统的装配载体，以及安装在压铸机上进行正常运作的基体[107]。模体主要由定模座板、动模板、支承板、垫块和动模座板组成。模体结构的基本类型可分为以下几种：

(1) 不通孔二板模结构，如图 8.19 所示，该模体结构紧凑，组成零件少，模具强度高，模体闭合高度较小，是中小型模具广泛采用的结构。

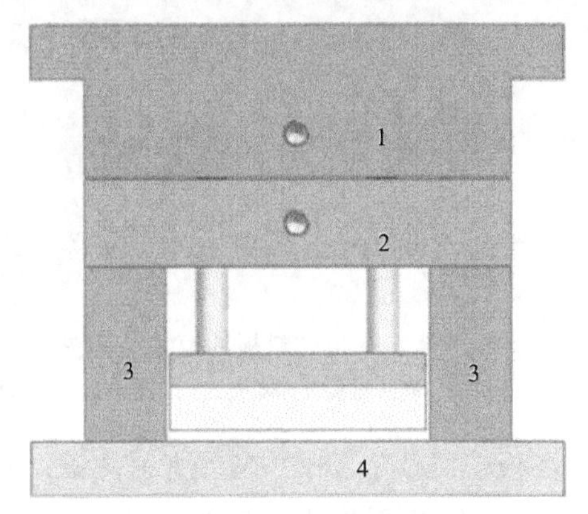

图 8.19　不通孔二板模结构图

1. 定模座板；2. 动模板；3. 垫块；4. 动模座板

(2) 通孔二板模结构，如图 8.20 所示，该模体加工工艺性好，易于保证组装质量，多在组合式结构和多腔模具中使用，重型液力自动变速器液压系统印刷油路压铸模具的模体结构宜采用此种结构。

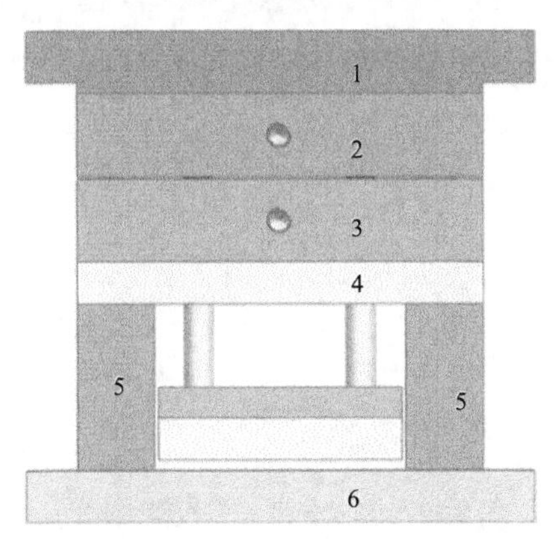

图 8.20　通孔二板模结构图

1. 定模座板；2. 定模板；3. 动模板；4. 支承板；5. 垫块；6. 动模座板

(3)带卸料板的模体结构，如图 8.21 所示，该模体由于存在卸料板，不用再设置复位杆，是薄壁压铸件常用模体。

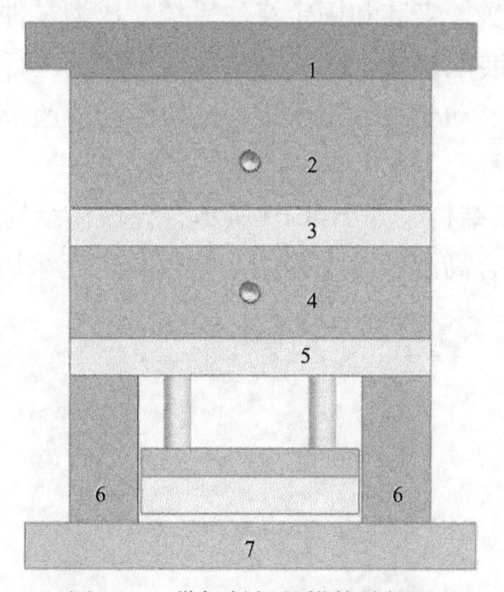

图 8.21　带卸料板的模体结构图

1. 定模座板；2. 定模板；3. 卸料板；4. 动模板；5. 支承板；6. 垫块；7. 动模座板

(4)多次分型的多板模结构，如图 8.22 所示，该结构增加了两个型腔板(3 和 4)，形成了分型面Ⅰ和分型面Ⅱ两个辅助分型面及主分型面Ⅲ，适用于多次分型压铸件模体。

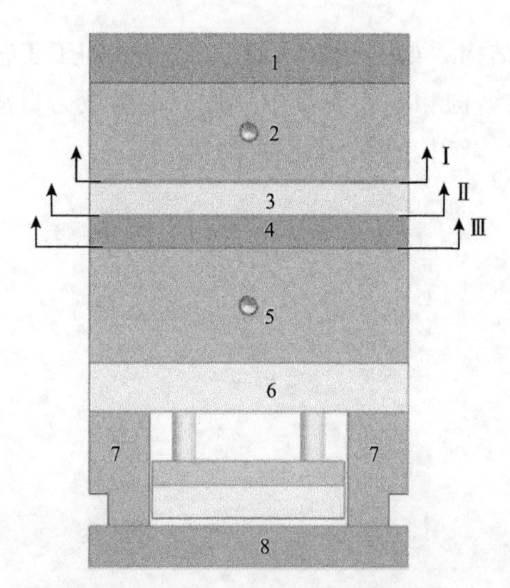

图 8.22　多次分型的多板模结构图

1. 定模座板；2. 定模板；3、4. 型腔板；5. 动模板；6. 支承板；7. 垫块；8. 动模座板

众所周知，UG 软件为研究者提供了二次开发接口，进而拓展了该软件的功能，从而满足了不同使用者的个性设计要求，很多研究者通过对 UG 软件进行二次开发，实现了不同的功能[133-137]。在此，采用燕秀模具外挂工具箱调取压铸模具模体，可高效完成模体的设计。

首先在 UG 软件中安装嵌入燕秀模具工具箱，在镶块、抽芯机构、推出及复位机构设计完成后，打开燕秀模具工具箱的模体调用模块，如图 8.23 所示，选定模体结构形式为通孔二板模结构，然后分别对 A 板(定模板)、B 板(定模板)、C 板(垫块)、承板(支承板)及导柱等尺寸进行输入，单击“生成 3D”，模体生成完成，最后只需把各机构设置到相应位置即可。

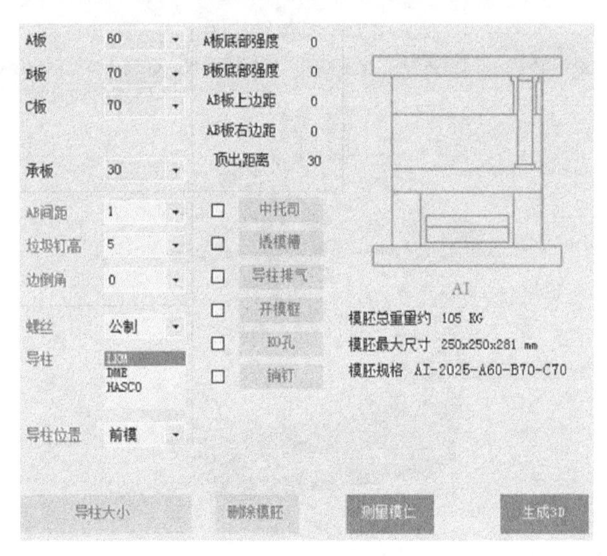

图 8.23　模体调用模块界面

根据上述方法设计的重型液力自动变速器液压系统印刷油路压铸模具模体各元件尺寸为：定模座板 1600mm×1600mm×90mm，定模板 1600mm×1600mm×300mm，动模板 1600mm×1600mm×240mm，支承板 1600mm×1600mm×140mm，推杆固定板 1600mm×1100mm×60mm，推板 1600mm×1100mm×80mm，动模座板 1600mm×1600mm×90mm，垫块 1600mm×240mm×360mm，其结构如图 8.24 所示。

通过 UG 软件设计的重型液力自动变速器液压系统印刷油路压铸模具的最终三维装配图如图 8.25 所示。图 8.25(a)为其动模部分的三维装配图，图 8.25(b)为其定模部分的三维装配图。该压铸模具的二维装配图如图 8.26 所示，爆炸图如图 8.27 所示。

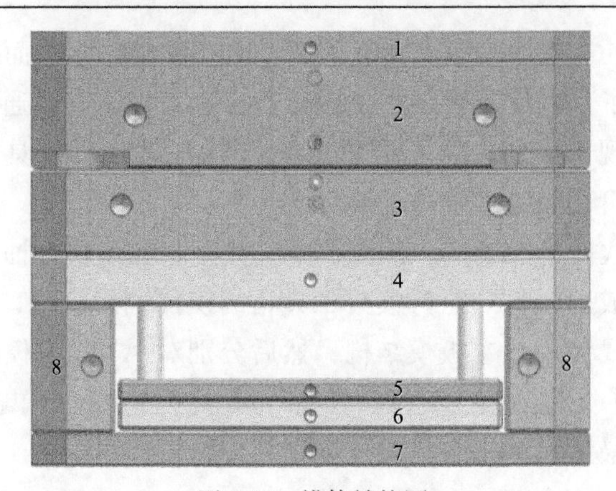

图 8.24　模体结构图

1. 定模座板；2. 定模板；3. 动模板；4. 支承板；5. 推杆固定板；6. 推板；7. 动模座板；8. 垫块

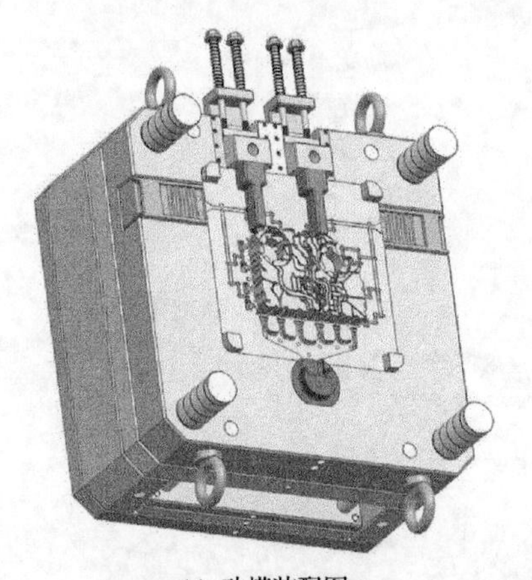

(a) 动模装配图

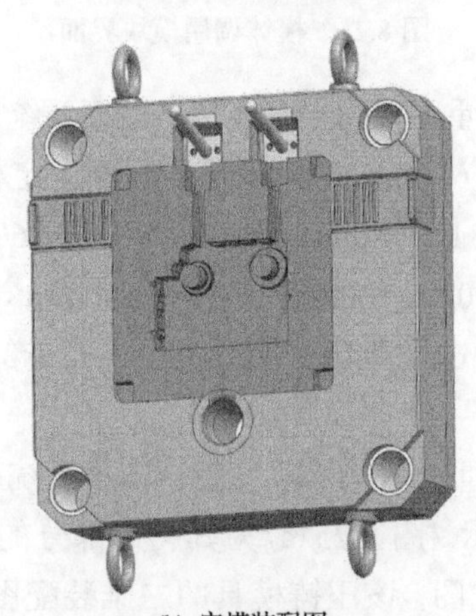

(b) 定模装配图

图 8.25　压铸模具三维装配图

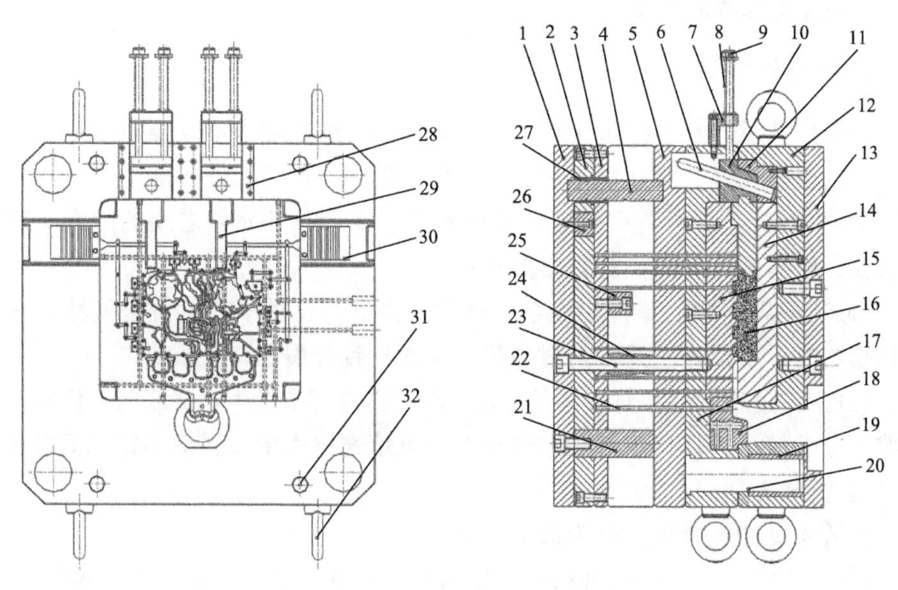

图 8.26　压铸模具二维装配图

1. 动模座板；2. 推板；3. 推杆固定板；4. 推板导柱Ⅰ；5. 支承板；6. 斜销；7. 限位块；8. 弹簧；9. 拉杆；10. 滑块；11. 锁板及楔紧块；12. 定模板；13. 定模座板；14. 定模镶块；15. 动模镶块；16. 压铸件；17. 动模板；18. 分流锥；19. 导套；20. 导柱；21. 推板导柱Ⅱ；22. 推杆；23. 锁紧螺栓；24. 垫块；25. 推板Ⅰ限位柱；26. 推板Ⅱ限位柱；27. 推板导套；28. L 形导滑槽；29. 型芯；30. 排气板；31. 复位杆；32. 吊环

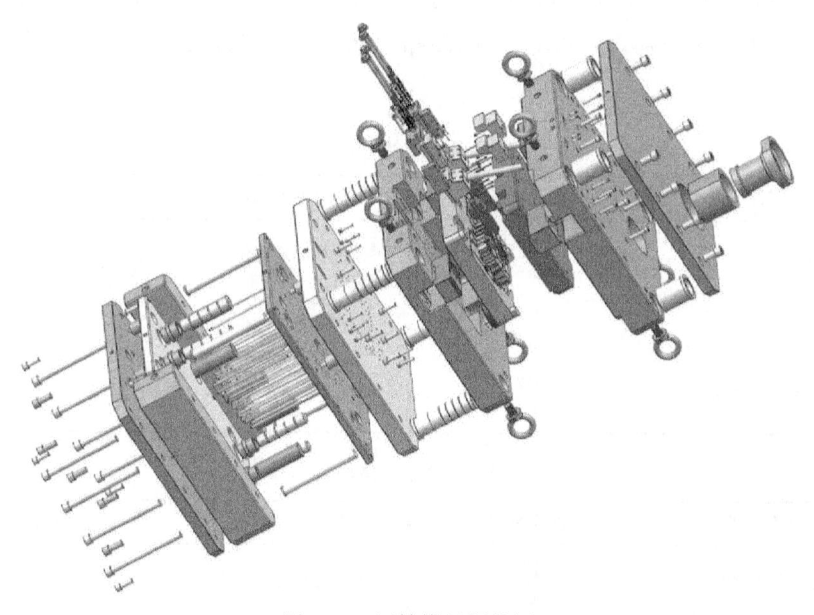

图 8.27　压铸模具爆炸图

8.1.7 压铸模具技术要求

1. 结构零件的配合公差

金属压铸模具在高温下工作，各结构元件的组装配合不仅要求在室温下达到一定的配合精度，而且要求在高温工作环境中，仍能保证各部分结构尺寸稳定、动作可靠[138]。材料在高温环境中易发生变形，各元件之间的配合间隙至关重要，组装配合时应满足以下要求：

(1)装配后固定的零件，在金属液的冲击下，要求不产生位置偏移，在发生热膨胀时，不能产生过大的过盈量，从而导致开裂。

(2)工作过程中有相对位移的零件，在工作过程中发生热膨胀时，仍能保证间隙配合的精度，保持正常的移动状态，且填充过程中金属液不窜入间隙中。

(3)拆装方便。

压铸模具的配合精度分为以下两种：

(1)结构零件的径向配合精度，结构零件又分为固定零件和滑动零件。

(2)结构尺寸的轴向配合精度。

固定零件部位主要包括镶块、型芯、浇口套、浇道镶块、分流锥、导套、导柱、斜销、楔紧块以及定位销等固定部位；滑动零件部位主要包括活动型芯、推杆、卸料板推杆、滑块、模板导向零件、推板导向零件、复位杆等导滑部位。重型液力自动变速器液压系统印刷油路压铸模具的配合精度如表 8.1 和表 8.2 所示。

表 8.1 固定零件的径向配合精度

配合零件部位	配合精度	配合零件部位	配合精度
浇口套固定部位	$\frac{H7}{h7}$	导柱固定部位	$\frac{H7}{m6}$
分流锥固定部位	$\frac{H7}{h6}$	斜销固定部位	$\frac{H7}{m6}$
导套固定部位	$\frac{H7}{k6}$	楔紧块固定部位	$\frac{H7}{m6}$

表 8.2 滑动零件的径向配合精度

配合零件部位	配合精度	配合零件部位	配合精度
推杆导滑部位	$\frac{H7}{e8}$	推板导柱导滑部位	$\frac{H7}{e8}$
滑块导滑部位	$\frac{H7}{d8}$	复位杆导滑部位	$\frac{H7}{e8}$

2. 压铸模具的形位公差及表面粗糙度

形位公差是指零件表面形状及位置的偏差，压铸模具成型部位及结构零件的基准部位，其形位公差一般要求在尺寸的公差范围内[107]。重型液力自动变速器液压系统印刷油路压铸模具的形位公差如表 8.3 所示。

表 8.3　压铸模具的形位公差

有关要素的形位公差	精度
模板两平面的平行度	5 级
模板相邻两侧面为加工基准的垂直度	5～6 级
模板镶块孔侧面与分型面的垂直度	7～8 级
模板上镶块固定孔轴线与分型面的端面跳动	6～7 级
各模板镶块孔公共轴线的同轴度	7～8 级
镶块上型芯固定孔轴线对其分型面的垂直度	7～8 级
镶块分型面对其侧面的垂直度	6～7 级
镶块相邻两侧面的垂直度	6～7 级
镶块相邻两侧面的平行度	5 级
镶块分型面对其底面的平行度	5 级
导柱固定部位对其导滑部位轴线的同轴度	5～6 级
导套内径对其外径的同轴度	6～7 级
导套或导柱安装孔轴线对模板分型面的垂直度	5～6 级
镶块的分型面与滑块的密封面的表面平行度	≤ 0.05mm

压铸模具零件的表面粗糙度直接影响压铸件的成型质量、模具机构的正常工作以及使用寿命[107]。重型液力自动变速器液压系统印刷油路压铸模具各零件表面粗糙度要求如表 8.4 所示。

表 8.4　压铸模具各零件表面粗糙度要求

零件表面	表面粗糙度 R_a/μm
成型零件及浇注通道的所有表面	0.1～0.2
成型零件与浇注系统各零件的配合表面	≤ 0.4
导向零件、推杆及斜销零件的配合表面	≤ 0.8
模具分型面、各模板间的接合面	≤ 0.8

续表

零件表面	表面粗糙度 R_a/μm
结构零件的支撑面与台肩表面	≤1.6
非工作的非配合表面	≤6.3

3. 压铸模具的模体材料及热处理要求

由于压铸模具工作条件非常恶劣，压铸模具所用材料及其热处理工艺相当关键。重型液力自动变速器液压系统印刷油路压铸模具选用材料的要求如下：

(1)具有良好的可锻性和切削性能；

(2)高温下具有良好的红硬性能，较高的高温强度、高温硬度、抗回火稳定性和冲击韧性；

(3)良好的导热性和抗热疲劳性能；

(4)良好的高温抗氧化性能；

(5)较小的热膨胀系数；

(6)较高的耐磨性和耐腐蚀性能。

该压铸模具的模体材料及热处理要求如表 8.5 所示。

表 8.5　模体材料及热处理要求

模体零件	材料	热处理要求
导柱、导套、斜销、复位杆	T8A	50～55HRC
推杆、成型零件及浇道零件	4Cr5MoSiVi	40～50HRC
动模块、定模板、支承板	45 钢	调质 220～250HRC
座板、垫块、推板、推杆固定板	Q235	回火

8.2　液压系统印刷油路压铸模具的结构优化

将模具的型芯(动模镶块、定模镶块、侧型芯及排气块)装配后通过 UG 与 ProCAST 的接口导入数值模拟中进行仿真，压铸工艺参数采用第 7 章中粒子群优化算法优化后的工艺参数。模具动模部分在压铸过程中各阶段温度场的仿真结果如图 8.28(a)～(h)所示。其中，图 8.28(a)为充型完成时的温度场，此时模具与金属液相接触的表面温度均在 300℃以下，在压铸件开始冷却后，金属液温度通过模具传递至外界，油道较密集处的温度首先升高，最后冷却的位置也是此部位，由于此部位设计了单独的冷却水道系统，可以大大提高冷却速度。

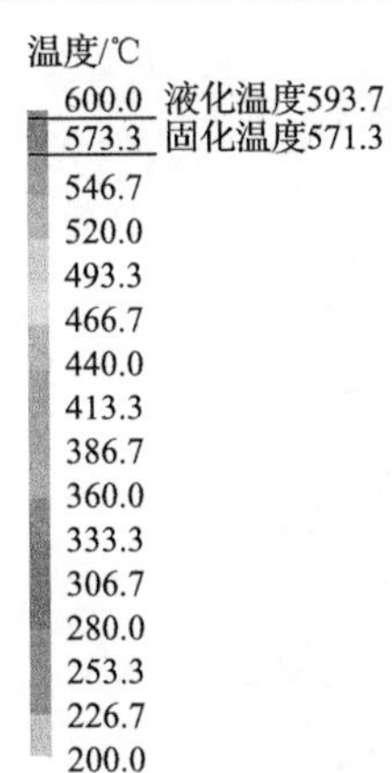

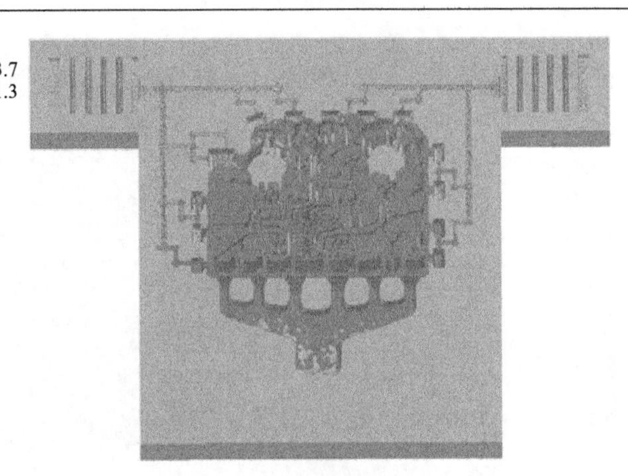

(a) 充型完成

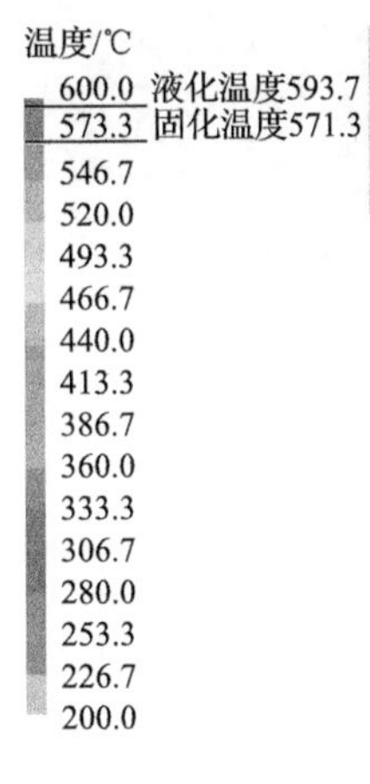

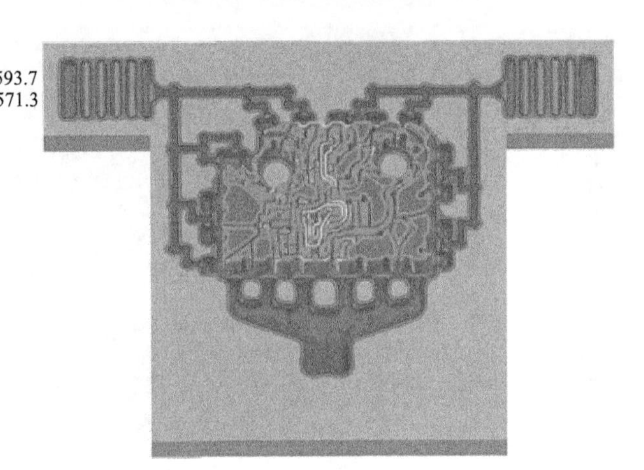

(b) 冷却5s

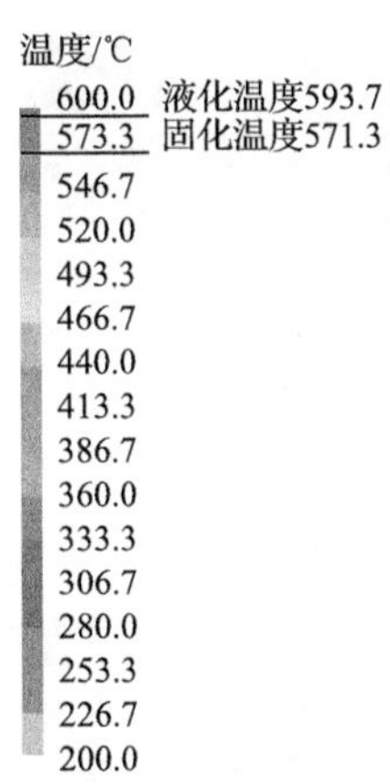

(c) 冷却10s

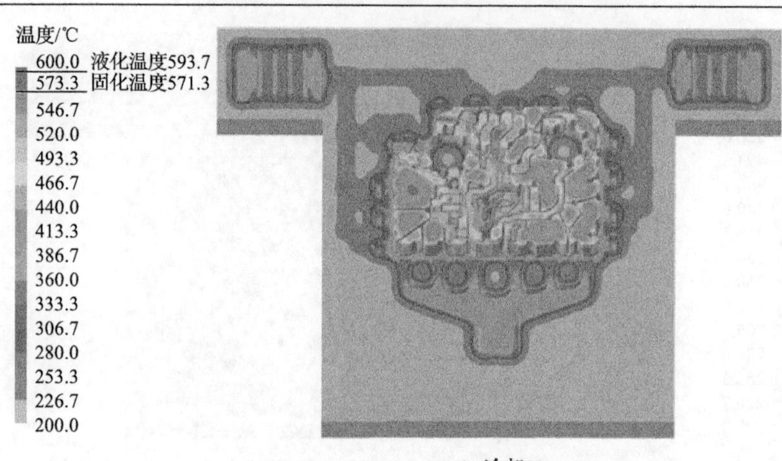

(d) 冷却20s

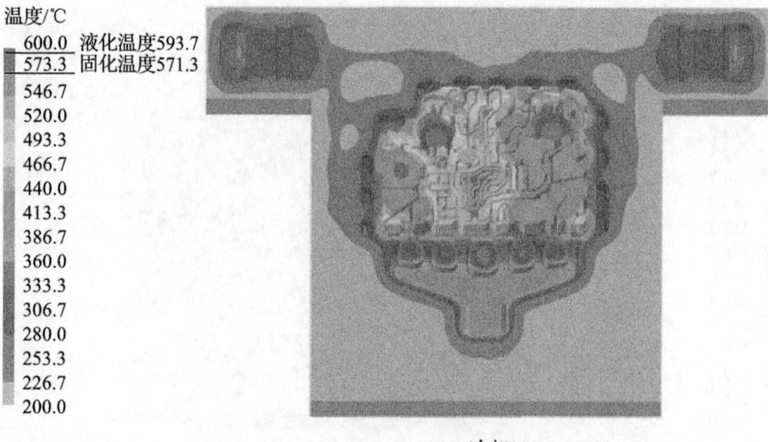

(e) 冷却50s

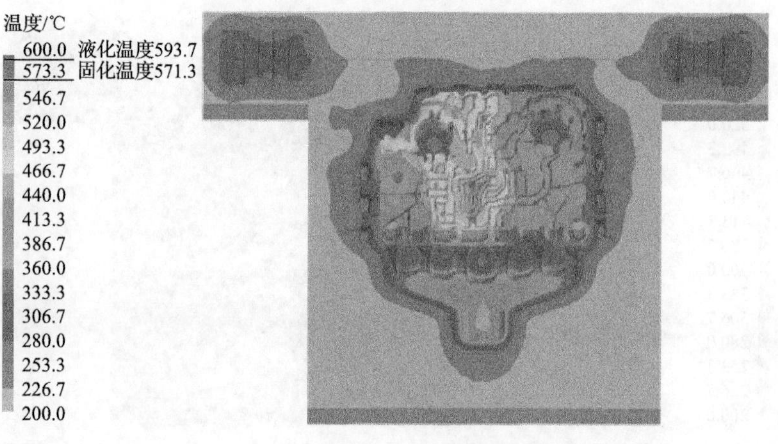

(f) 冷却70s

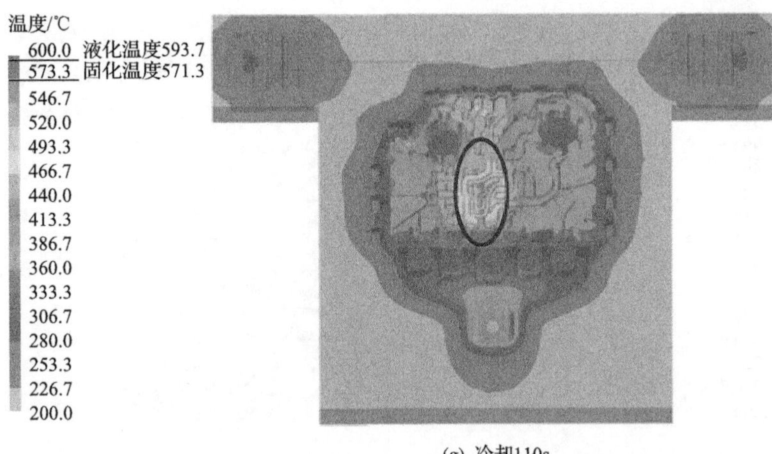

(g) 冷却110s

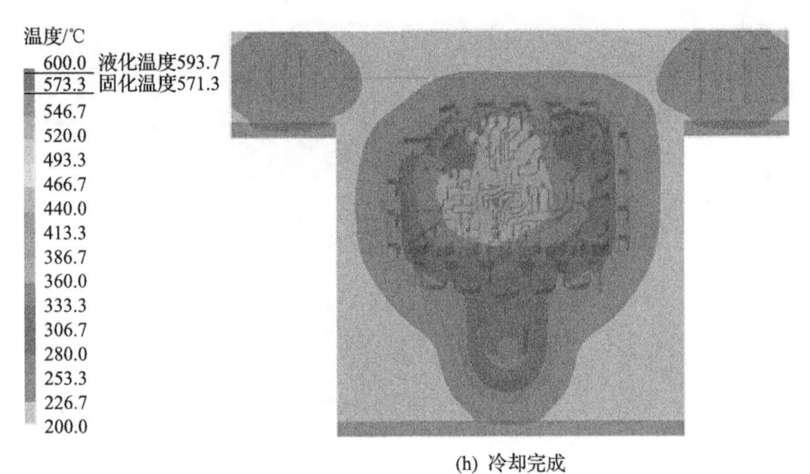

(h) 冷却完成

图 8.28　动模部分温度场

模具定模部分在压铸过程中各阶段温度场的仿真结果如图 8.29(a)～(h)所示。其中，图 8.29(a)为充型完成时的温度场，此时模具与金属液相接触的表面温度均在 250℃左右，模具整体的冷却温度场较为均匀，但贯穿孔型芯处的温度提升很快且冷却较慢，两部位结构尖锐，长期如此，容易损坏。

为了提高重型液力自动变速器液压系统印刷油路压铸模具的使用寿命，根据仿真结果，对其结构进行局部优化改进。为此，将两个部位的贯穿孔型芯部分做成镶拼式结构，损坏后直接更换此镶件即可，这样可大大降低后期更换整块定模镶块的成本，优化改进后的贯穿孔镶件结构如图 8.30 所示，其装配图如图 8.31 所示。

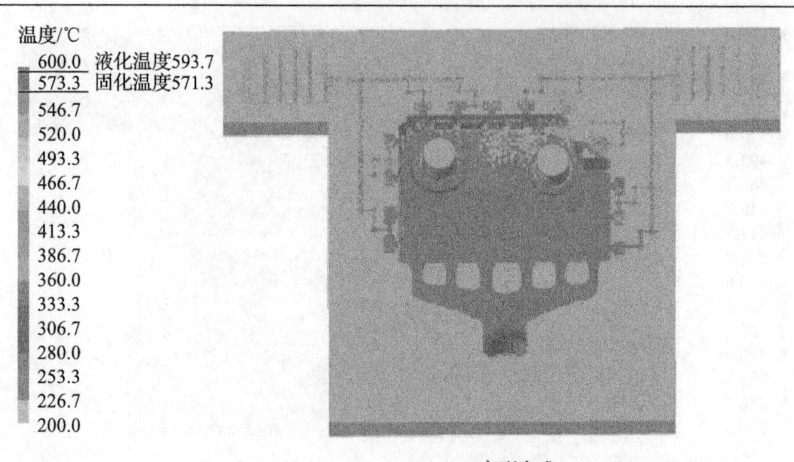

(a) 充型完成

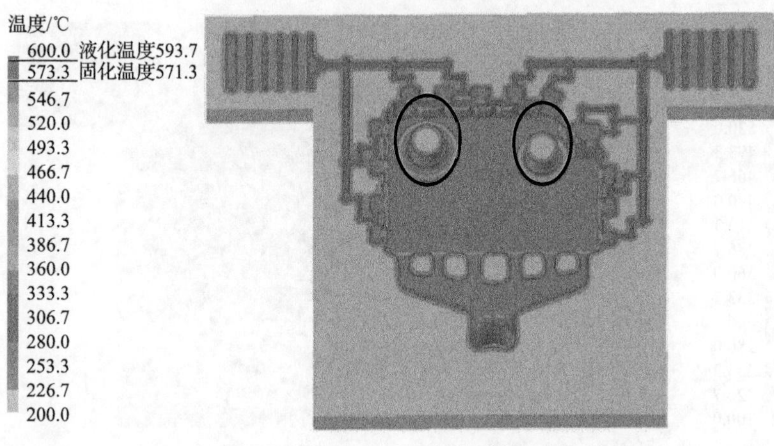

(b) 冷却5s

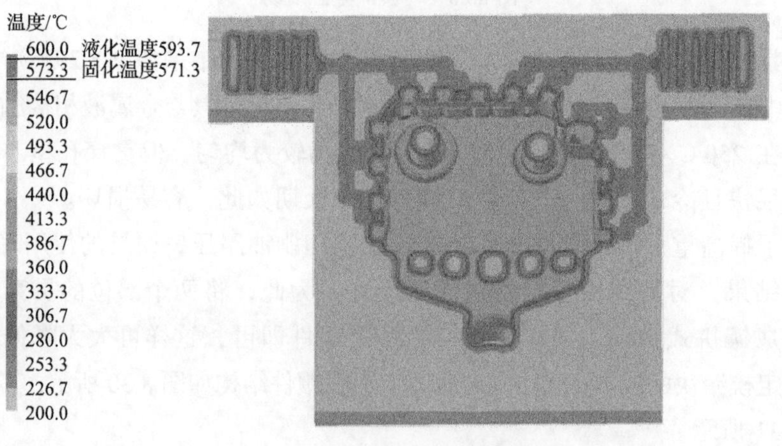

(c) 冷却10s

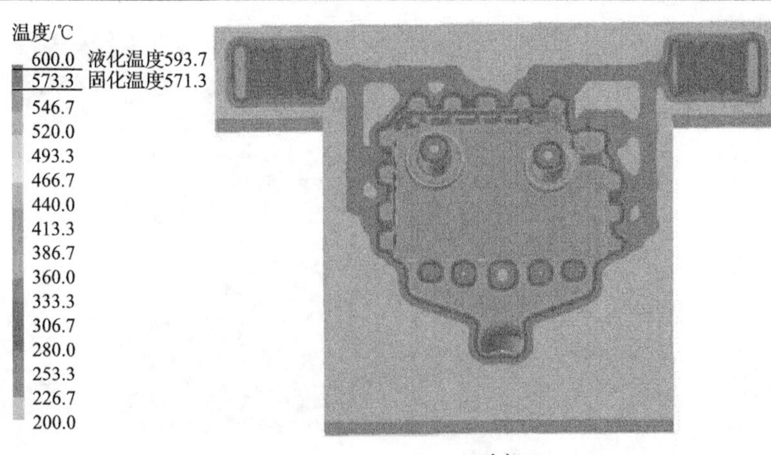

(d) 冷却20s

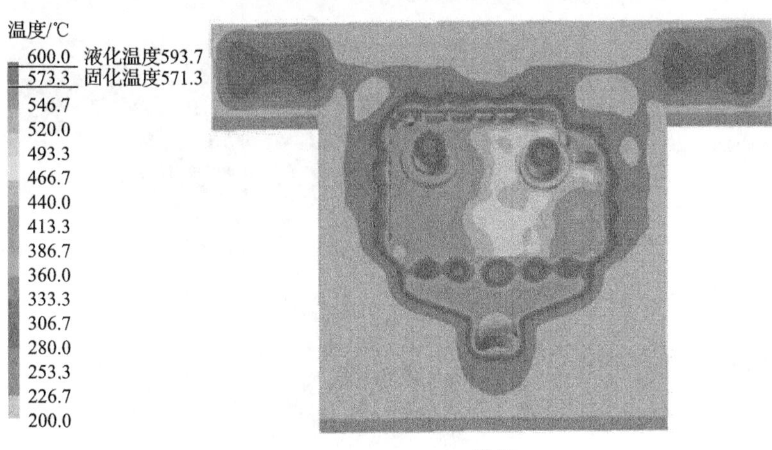

(e) 冷却50s

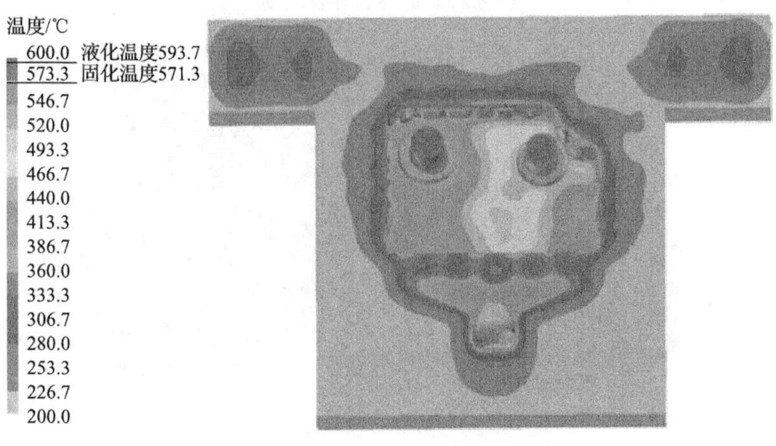

(f) 冷却70s

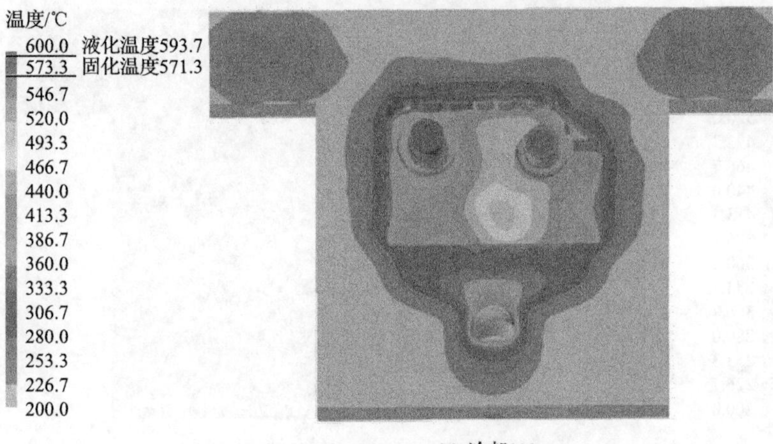

(g) 冷却110s

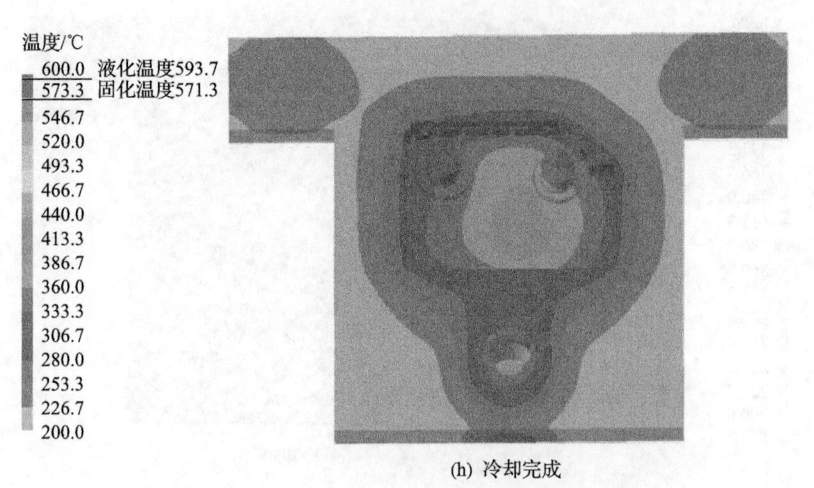

(h) 冷却完成

图 8.29　定模部分温度场

图 8.30　贯穿孔镶件结构图

图 8.31　贯穿孔镶件装配图

参 考 文 献

[1] 魏庆凯. 越野车辆液力机械式自动变速器换挡控制技术研究[D]. 长春: 吉林大学, 2018.

[2] 亚博中研研究院. 中国重型液力自动变速器行业市场深度分析及投资策略研究报告 2016-2021 年[R]. 北京: 亚博中研研究院, 2016.

[3] 王尔烈. 大功率 AT 换挡过程缓冲控制研究[D]. 北京: 北京理工大学, 2015.

[4] 李兴忠. 越野车用液力机械式自动变速器控制系统关键技术研究[D]. 长春: 吉林大学, 2014.

[5] 胡博钦. 大功率液力机械式自动变速器换挡控制策略研究[D]. 长春: 吉林大学, 2016.

[6] 王迎. 重型车辆自动变速器液压操纵系统换挡过程研究[D]. 武汉: 武汉理工大学, 2013.

[7] 田豪. 4 挡自动变速器液压操纵系统分析及研究[D]. 武汉: 武汉理工大学, 2009.

[8] 宋勇. 电子控制自动变速器液压系统设计[D]. 长沙: 湖南大学, 2007.

[9] 张建珍, 过学迅. 车辆自动变速器的研究现状及发展趋势[J]. 上海汽车, 2007, (1): 37-39.

[10] 黄林彬. 汽车自动变速器构造与检修[M]. 上海: 同济大学出版社, 2010.

[11] Zhao Y S, Chen L P, Zhang Y Q, et al. Enhanced fuzzy sliding mode controller for automated clutch of AMT vehicle[J]. SAE Technical Papers, 2006, DOI: 10.4271/2006-01-1488.

[12] Fujiwara K, Yamamoto M, Ishikawa Y. Development of a new generation V6 engine corresponding to CVT[C]. SAE International Powertrains, Fuels and Lubricants Congress, Shanghai, 2008.

[13] Grassl G, Winkler G. Model-based development with automatic code generation-challenges and benefits in a DCT high-volume project[C]. SAE World Congress, Warrendale, 2008.

[14] 曹刚. 重型液力自动变速器液压系统的研究及其印刷油路的布局设计[D]. 贵阳: 贵州大学, 2019.

[15] 刘海亮. 拖拉机双离合器自动变速器换挡特性研究[D]. 洛阳: 河南科技大学, 2015.

[16] 付尧. 基于客观评价的双离合器自动变速器换挡控制技术研究[D]. 长春: 吉林大学, 2015.

[17] 马驰骋. 金属带式无级变速器锥轮推力平衡理论与试验研究[D]. 长沙: 湖南大学, 2016.

[18] 冯挽强. CVT 湿式离合器接合过程非线性模型及特性研究[D]. 长春: 吉林大学, 2008.

[19] 滕艳琼, 阴晓峰, 张德旺, 等. 6 速湿式 DCT 动力学建模与换挡控制仿真[J]. 机械设计, 2013, 30(8): 49-52.

[20] 百川. 我国自动变速器发展现状及未来趋势(上)[J]. 现代零部件, 2010, (10): 67-72.

[21] 杨先富. 浅析四类汽车用自动变速器近 10 年的整体表现[D]. 上海: 东华大学, 2015.

[22] Nozaki Y, Tanaka Y, Tomomatsu H, et al. Toyota's new six-speed automatic transmission A761E for RWD vehicles[C]. SAE World Congress & Exhibition, Warrendale, 2004.

[23] 刘钊, 黄宗益, 李庆. 轿车用自动变速箱的发展动态[J]. 传动技术, 2000, 14(1): 1-8.

[24] 李君，张建武，冯金芝，等. 电控机械式自动变速器的发展、现状和展望[J]. 汽车技术，2000, (3): 1-3.

[25] 罗新闻. 德国采埃孚 9HP 自动变速器结构及动力传递路线分析[J]. 汽车维修与保养，2013, (7): 77-80.

[26] Schwab M. Electronically-controlled transmission systems-current position and future developments[C]. Proceedings of the International Congress on Transportation Electronics, Warrendale, 1990.

[27] Naunheimer H, Fietkau P, Lechner G. Automotive Transmissions: Fundamentals, Selection, Design and Application[M]. 2nd ed. Berlin: Springer, 2011.

[28] Harmon K B. The history of allison automatic transmissions for on-highway trucks and buses[C]. SAE International Truck and Bus Meeting and Exposition, Warrendale, 1999.

[29] Minowa T, Ochi T, Kuroiwa H, et al. Smooth gear shift control technology for clutch-to-clutch shifting[C]. SAE International Congress & Exposition, Warrendale, 1999.

[30] Watechagit S. Modeling and estimation for stepped automatic transmission with clutch-to-clutch shift technology[D]. Columbus: The Ohio State University, 2004.

[31] Haj-Fraj A, Pfeiffer F. Optimal control of gear shift operations in automatic transmissions[J]. Journal of the Franklin Institute, 2001, 338 (2/3): 371-390.

[32] Shin B K, Hahn J O, Yi K, et al. A supervisor-based neural-adaptive shift controller for automatic transmissions considering throttle opening and driving load[J]. KSME International Journal, 2000, 14 (4): 418-425.

[33] Hayashi K, Shimizu Y, Dote Y, et al. Neuro fuzzy transmission control for automobile with variable loads[J]. Institute of Electrical and Electronics Engineers Transactions on Control Systems Technology, 1995, 3 (1): 49-53.

[34] Kim D H, Yang K J, Hong K S, et al. Smooth shift control of automatic transmissions using a robust adaptive scheme with intelligent supervision[J]. International Journal of Vehicle Design, 2003, 32 (3/4): 250.

[35] 刘跃峰. 西安双特：重型液力自动变速器开始发力[J]. 汽车零部件，2013, (3): 37.

[36] 黄英姿，卢文辉，李美艳. 凯星液力引领我国大功率液力变速器发展：访贵州凯星液力传动机械有限公司董事长王建新[J]. 机床与液压，2011, 39 (12): 1-6.

[37] 陶晗. 大功率 AT 变速器控制系统及其故障检测功能的研究[D]. 哈尔滨：哈尔滨工业大学，2013.

[38] 陈新勇，应福根. 航天技术填补国内空白：中国航天三江集团成功研制国内首台大功率自动变速器样机侧记[J]. 船舶与配套，2012, (4): 114-117.

[39] 王艳萍，吕瑛. 大功率 AT 变速器课题通过国家科技部项目验收[J]. 中国军转民，2015, (8): 60.

[40] 熊庆辉, 顾宏弢, 李娟, 等. 综合传动装置换挡开关电磁阀多目标优化设计[J]. 车辆与动力技术, 2012, (3): 21-24.

[41] 李慎龙, 周广明, 赵凯, 等. 一种定轴与行星复合传动的十档变速器: CN201310703973.7[P]. 2014-04-09.

[42] 王明成, 冯光军, 石彦辉, 等. 一种七挡行星自动变速器: CN201710969409.8[P]. 2018-06-22.

[43] 李春芾. 重型车辆AT电液换挡控制技术研究[D]. 北京: 北京理工大学, 2010.

[44] 张涛. 基于电液比例阀的大功率AT换挡品质控制[D]. 北京: 北京理工大学, 2012.

[45] 姚国新. 大功率液力机械式自动变速器换挡规律的研究[D]. 哈尔滨: 哈尔滨工业大学, 2014.

[46] 王关海. 大功率汽车自动变速机构挡位切换控制系统研究[D]. 哈尔滨: 哈尔滨工业大学, 2010.

[47] 阮登芳, 李强军, 张绪勇, 等. 重型汽车变速器后置副变速器换挡同步时间分析[J]. 中国机械工程, 2013, 24(22): 3105-3109.

[48] 黄宗益, 张久林, 李兴华. 工程机械液力变速器(第五讲)动力换挡变速器液压操纵系统[J]. 工程机械, 2007, 38(4): 68-73.

[49] 蔡圣栋, 戎蒙恬. 液力自动变速器的换档控制策略[J]. 信息技术, 2011, 35(11): 1-5, 9.

[50] 刘明增. 装载机液力变速器主要性能及综合性能评价研究[D]. 济南: 山东大学, 2014.

[51] 焦万铭. 矿用自卸车自动变速器行星机构传动方案及动力学研究[D]. 北京: 北京科技大学, 2016.

[52] 钟鑫. 公交车液力机械式自动变速器换挡规律的研究与优化[D]. 长沙: 湖南大学, 2013.

[53] 黄宗益, 谢代鹏, 王康, 等. 汽车液力机械式自动变速器发展概述[J]. 上海汽车, 1998, (9): 19-22.

[54] van Elslander E J. Electronic transmission pressure modulation valve[C]. SAE International Congress & Exposition, 1984.

[55] Taga Y, Watanabe K, Nakamura S. Transmission control system with pressure biased lock up clutch control valve: EP8210255.7[P]. 1988-09-28.

[56] Sakakibara S, Maseki S, Watanabe K, et al. Pressure regulating device for use in an automatic transmission: US4408462[P]. 1983-10-11.

[57] Shinohara M, Shibayama T, Ohtsuka K, et al. Nissan electronically controlled four speed automatic transmission[J]. SAE Technical Paper, 1989, DOI: 10.4271/890530.

[58] 黄宗益. 轮式装载机的发展趋势[J]. 工程机械, 1996, 27(3): 25-29.

[59] Lim K, Cheung N C, Rahman M F. Proportional control of a solenoid actuator[C]. The 20th International Conference on IEEE Xplore, Bologna, 1994.

[60] Furukawa H, Hagiwara K, Fujita M, et al. Robust control of an automatic transmission system

for passenger vehicles[C]. Institute of Electrical and Electronics Engineers Conference on Control Applications, Glasgow, 1994.

[61] Malson S G. Closed-loop adaptive fuzzy logic hydraulic pressure control for an automatic transmission: US6078856[P]. 2000-06-20.

[62] Cao M, Wang K W, DeVries L, et al. Steady state hydraulic valve fluid field estimator based on non-dimensional artificial neural network (NDANN) [J]. Journal of Computing and Information Science in Engineering, 2004, 4(3): 257-270.

[63] Niwa K J, Sugimura T, Mizobuchi M. Diagnostic system for automatic transmission: US8032274[P]. 2011-10-04.

[64] Allison Transmission. Improve your fuel economy with load-based shift scheduling[EB/OL]. https://freightlinerads.azureedge.net/Allison%20Optimized%20-%20Load%20Based%20Shift%20Scheduling.pdf[2012-06-30].

[65] Song X Y, Sun Z X. Pressure-based clutch control for automotive transmissions using a sliding-mode controller[J]. IEEE/ASME Transactions on Mechatronics, 2012, 17(3): 534-546.

[66] 王娟, 陈慧岩, 陶刚, 等. 液力机械自动变速器换挡品质控制方法[J]. 农业机械学报, 2008, 39(2): 38-42.

[67] 刘应诚, 邵万珍. 汽车液力自动变速器的应用与发展[J]. 现代零部件, 2004,(7): 57-59.

[68] 罗邦杰. 工程机械液力传动[M]. 北京: 机械工业出版社, 1991.

[69] Ling T Q, Lin W P. Research on fuzzy logical control system of the electron automatic transmission of automobile[C]. Institute of Electrical and Electronics Engineers International Vehicle Electronics Conference, Changchun, 1999.

[70] 余天明. 工程车辆自动变速系统模糊控制研究[D]. 长春: 吉林大学, 2004.

[71] 李淑萍. 电液换挡变速器电液换挡控制系统的开发[J]. 工程机械, 2008, 39(10): 22-24.

[72] 杨炫, 吴怀超, 赵丽梅, 等. 重型液力自动变速器印刷油路板压铸工艺及模具设计[J]. 铸造, 2020, 69(6): 582-587.

[73] 张建军. 现代汽车的自动变速器知识[J]. 汽车与配件, 2003, (51): 31.

[74] 孙新龙. 轿车液力变矩器整车匹配方法研究[D]. 重庆: 重庆大学, 2011.

[75] 高树文, 郭荣春. 闭锁式液力变矩器闭锁过程的建模与仿真[J]. 山东交通学院学报, 2011, 19(3): 12-15, 20.

[76] 李秀兰, 杨宏韬. 装载机液力变矩器闭锁控制[J]. 长春工业大学学报(自然科学版), 2013, 34(2): 151-154.

[77] 赵洪羽. 大功率调速型液力偶合器泵轮力矩系数研究[D]. 哈尔滨: 哈尔滨工业大学, 2013.

[78] 凌永成. 汽车电子控制技术[M]. 3 版. 北京: 北京大学出版社, 2017.

[79] 王大双. 离合器建模仿真分析[D]. 武汉: 武汉理工大学, 2011.

[80] 褚园民. 重型液力自动变速器换挡控制系统的研究[D]. 贵阳: 贵州大学, 2019.

[81] 张成孝. 流体控制逻辑设计[M]. 成都: 四川科学技术出版社, 1986.
[82] 李春芾, 陈慧岩, 李艳琴. 自动变速器断电保护锁止阀工作逻辑试验研究[J]. 工程机械, 2009, 40(11): 18-22.
[83] 田晋跃. 车辆自动变速器构造原理与设计方法[M]. 2 版. 北京: 北京大学出版社, 2019.
[84] 闻邦椿. 机械设计手册[M]. 6 版. 北京: 机械工业出版社, 2017.
[85] 宋鸿尧, 丁忠尧. 液压阀设计与计算[M]. 北京: 机械工业出版社, 1982.
[86] 濮良贵, 陈国定, 吴立言. 机械设计[M]. 9 版. 北京: 高等教育出版社, 2013.
[87] 牛海山, 浦艳敏, 王春蓉. 液压元件与选用[M]. 北京: 化学工业出版社, 2015.
[88] 胡宁, 陈真. 基于 AMESim 的 AT 液压控制系统可靠性分析[J]. 机床与液压, 2011, 39(3): 145-147.
[89] 赵波, 宋俊. 电液伺服系统斜坡响应 ITAE 准则优化设计[J]. 机床与液压, 1999, 27(5): 24-25, 27.
[90] 潘峰, 李位星, 高琪. 粒子群优化算法与多目标优化[M]. 北京: 北京理工大学出版社, 2013.
[91] Fang W, Sun J, Ding Y R, et al. A review of quantum-behaved particle swarm optimization[J]. IETE Technical Review, 2010, 27(4): 336.
[92] Zhang J, Guo F. Statistical modification analysis of helical planetary gears based on response surface method and Monte Carlo simulation[J]. 中国机械工程学报(英文版), 2015, 28(6): 1194-1203.
[93] 祝胜, 吴光强. 液力机械式自动变速器换挡过程最优控制仿真研究[J]. 机械传动, 2014, 38(9): 15-19.
[94] 张鼎逆, 刘毅. 基于改进遗传算法和序列二次规划的再入轨迹优化[J]. 浙江大学学报(工学版), 2014, 48(1): 161-167.
[95] 梅雪樵. 印刷油路在锻压设备中的应用[J]. 重型机械, 1979, (4): 66-71.
[96] 禹阳华, 程度旺, 黄长发. 液压集成阀块设计及制造方法研究[J]. 起重运输机械, 2012, (8): 71-74.
[97] Fabrizi A, Ferraro S, Timelli G. The influence of Sr, Mg and Cu addition on the microstructural properties of a secondary $AlSi_9Cu_3$(Fe) die casting alloy[J]. Materials Characterization, 2013, 85: 13-25.
[98] Ji S X, Yan F, Fan Z Y. Development of a high strength Al-Mg_2Si-Mg-Zn based alloy for high pressure Die casting[J]. Materials Science and Engineering: A, 2015, 626: 165-174.
[99] Dargusch M S, Dour G, Schauer N, et al. The influence of pressure during solidification of high pressure die cast aluminium telecommunications components[J]. Journal of Materials Processing Technology, 2006, 180(1/2/3): 37-43.
[100] Gunasegaram D R, Givord M, O'Donnell R G, et al. Improvements engineered in UTS and

elongation of aluminum alloy high pressure die castings through the alteration of runner geometry and plunger velocity[J]. Materials Science and Engineering: A, 2013, 559: 276-286.

[101] Sharifi P, Jamali J, Sadayappan K, et al. Quantitative experimental study of defects induced by process parameters in the high-pressure die cast process[J]. Metallurgical and Materials Transactions: A, 2018, 49(7): 3080-3090.

[102] Qin X Y, Su Y, Chen J, et al. Finite element analysis for die casting parameters in high-pressure die casting process[J]. China Foundry, 2019, 16(4): 272-276.

[103] 樊振中，袁文全，王端志，等. 压铸铝合金研究现状与未来发展趋势[J]. 铸造，2020, 69(2): 159-166.

[104] 黄美莲，罗柏奎，陈木荣，等. 基于数值模拟的发动机前盖压铸模开发[J]. 特种铸造及有色合金, 2018, 38(11): 1222-1225.

[105] 鲍家华. 汽车挂车阀压铸模具关键结构设计及其成型工艺研究[D]. 杭州：浙江工业大学, 2016.

[106] 李平，彭学周，欧阳维强. 铝合金壳体的压铸工艺优化设计[J]. 铸造，2015, 64(11): 1082-1084.

[107] 黄尧，黄勇. 压铸模具与工艺设计要点[M]. 北京：化学工业出版社, 2018.

[108] 万晓萌，张笑，王晔，等. 大型复杂铝合金变速箱壳体压铸模设计[J]. 特种铸造及有色合金, 2020, 40(8): 854-856.

[109] 杨金辉，薛斌，许忠斌. 压铸工艺对压铸件质量影响的研究现状及发展[J]. 铸造技术, 2020, 41(1): 62-65.

[110] 刘红娟，柯春松. SUV 汽车变速箱壳体压铸工艺优化设计[J]. 铸造, 2016, 65(6): 520-523.

[111] 李冰洁. 压铸模温度场有限元分析与工艺参数优化[J]. 铸造技术，2014, 35(12): 2970-2973.

[112] 潘宪曾. 正确选择慢压射速度[J]. 铸造技术, 2005, 26(5): 397-400.

[113] Rai J K, Lajimi A M, Xirouchakis P. An intelligent system for predicting HPDC process variables in interactive environment[J]. Journal of Materials Processing Technology, 2008, 203(1/2/3): 72-79.

[114] Lee S G, Gokhale A M, Patel G R, et al. Effect of process parameters on porosity distributions in high-pressure die-cast AM50 Mg-alloy[J]. Materials Science and Engineering: A, 2006, 427(1/2): 99-111.

[115] Kim E S, Park J Y, Kim Y H, et al. Evaluation of diecasting mold cooling ability by decompression cooling system[J]. Journal of Korea Foundry Society, 2009, (29): 238-243.

[116] Otsuka Y. Experimental verification and accuracy improvement of gas entrapment and shrinkage porosity simulation in high pressure die casting process[J]. Materials Transactions, 2014, 55(1): 154-160.

[117] Chen J H, Hwang W S, Wu C H, et al. Design of die casting process of top cover of automobile generator through numerical simulations and its experimental validation[J]. International Journal of Cast Metals Research, 2011, 24 (3/4): 163-169.

[118] Ertürk S Ö, Kumruoğlu L C, Özel A. A simulation and fabrication works on optimization of high pressure aluminum die casting part[J]. Acta Physica Polonica A, 2014, 125 (2): 449-451.

[119] Tiryakioğlu M. Pore size distributions in AM50 Mg alloy die castings[J]. Materials Science and Engineering: A, 2007, 465 (1/2): 287-289.

[120] 黄智，马明. ZL101A 铝合金外壳压铸模拟与制备工艺优化[J]. 铸造, 2020, 69 (6): 606-611.

[121] 彭曼绮，程凯，李成信，等. 基于 AnyCasting 的铝合金弹底转座压铸工艺参数优化[J]. 铸造技术, 2020, 41 (2): 153-156.

[122] 方少林，程文超，吴兵. 基于正交试验的上壳体真空压铸工艺参数优化[J]. 中国设备工程, 2020, (3): 111-112.

[123] 吕洪燕，王峰，孙伟. 汽车镁合金发动机支架压铸工艺的优化设计[J]. 辽宁科技大学学报, 2019, 42 (1): 27-32.

[124] Katzarov I H. Finite element modeling of the porosity formation in castings[J]. International Journal of Heat and Mass Transfer, 2003, 46 (9): 1545-1552.

[125] Faura F, López J, Hernández J. On the optimum plunger acceleration law in the slow shot phase of pressure die casting machines[J]. International Journal of Machine Tools and Manufacture, 2001, 41 (2): 173-191.

[126] Yarlagadda P K D V, Chiang E C W. A neural network system for the prediction of process parameters in pressure die casting[J]. Journal of Materials Processing Technology, 1999, 89/90: 583-590.

[127] Verran G O, Mendes R P K, Dalla Valentina L V O. DOE applied to optimization of aluminum alloy die castings[J]. Journal of Materials Processing Technology, 2008, 200 (1/2/3): 120-125.

[128] Shuai N C, Shao Z C. 5G base station energy consumption model based on multiple linear regression algorithm[J]. Mobile Communications, 2020, (44): 32-36.

[129] Li L, Yu G M, Chen Z Y, et al. Discontinuous flying particle swarm optimization algorithm and its application to slope stability analysis[J]. 中南大学学报（英文版）, 2010, 17 (4): 852-856.

[130] 郭剑. 镁合金精密压铸成形工艺及模具设计制造[D]. 重庆：重庆大学, 2007.

[131] 常渊. 压铸模侧抽芯设计[J]. 模具工业, 1994, 20 (1): 43-46.

[132] 胡清和. 汽车机油滤清器支架设计及压力铸造工艺研究[D]. 沈阳：沈阳理工大学, 2019.

[133] 刘松健，赵捍东，曹红松，等. 基于 UG 二次开发的榴弹外形结构设计系统关键技术研究[J]. 测试技术学报, 2019, 33 (3): 196-200.

[134] 张乐林，祝锡晶，叶林征. 基于UG二次开发的参数化建模方法[J]. 计算机系统应用, 2016, 25 (1): 146-149.

[135] 秦闯, 刘战强, 叶洪涛, 等. 基于UG二次开发技术的CAD/CAE/CAM软件集成方法研究[J]. 机床与液压, 2015, 43(9): 141-144.

[136] 荀晓云, 颜昌翔. 基于 UG 二次开发的谐波减速器的参数化设计[J]. 机械传动, 2012, 36(4): 53-57.

[137] 朱德泉, 朱德文, 周杰敏, 等. UG二次开发技术在模具CAD系统设计中的应用[J]. 包装与食品机械, 2005, 23(2): 35-39.

[138] 田雁晨, 田宝善, 王文广. 金属压铸模设计技巧与实例[M]. 北京: 化学工业出版社, 2006.